普/通/高/等/学/校/规/划/教/材

CAILIAO ZHUANYE
ZONGHE SHIYAN JIAOCHENG

材料专业综合实验教程

云南大学材料类专业本科生实践创新能力提升教学团队 编

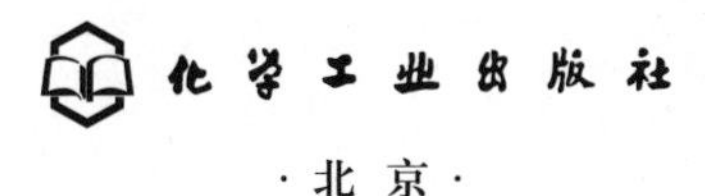

·北京·

内容提要

《材料专业综合实验教程》是依据材料科学与工程教学指导委员会材料相关专业规范的要求，根据高等学校材料化学、材料物理、无机非金属材料工程本科专业的培养目标编写而成，本书收集、整理和设计了若干个当前比较成熟的、常用的有关材料专业综合实验，按照金属材料、无机非金属材料、高分子材料和复合材料四个类别，安排6个部分的实验，每个实验主要包含实验目的、实验原理、实验设备和材料、实验内容与步骤、实验报告、问题与讨论，以及参考文献等内容，旨在为学生和指导教师提供尽可能完备与系统的材料综合实验指导，力求让学生熟悉并掌握材料综合实验的基本操作技能，使学生在综合实验动手能力方面得到进一步的培养与训练。各学校可以根据自身实验条件和学科特点有选择性地开设实验。

《材料专业综合实验教程》可作为高等院校材料类专业，以及物理、化学和其他材料相关专业本科生的综合实验教学用书，亦可供相关人员参考。

图书在版编目（CIP）数据

材料专业综合实验教程/云南大学材料类专业本科生实践创新能力提升教学团队编. —北京：化学工业出版社，2020.7

普通高等学校规划教材

ISBN 978-7-122-37003-7

Ⅰ.①材… Ⅱ.①云… Ⅲ.①材料科学-实验-高等学校-教材 Ⅳ.①TB3-33

中国版本图书馆CIP数据核字（2020）第085385号

责任编辑：尤彩霞　　文字编辑：李　玥

责任校对：李雨晴　　装帧设计：史利平

出版发行：化学工业出版社（北京市东城区青年湖南街13号　邮政编码100011）

印　　装：三河市延风印装有限公司

710mm×1000mm　1/16　印张 $8\frac{3}{4}$　字数174千字　2020年8月北京第1版第1次印刷

购书咨询：010-64518888　　售后服务：010-64518899

网　　址：http：//www.cip.com.cn

凡购买本书，如有缺损质量问题，本社销售中心负责调换。

定　　价：35.00元

《材料专业综合实验教程》是针对高校材料物理、材料化学和无机非金属材料工程各专业大学三年级学生的实验课程，是理论教学和材料基础实验的深化和补充，具有较强的实践性，是一门重要的实验基础课。目前已有的同类教材或教程中，材料化学综合实验、无机非金属材料综合实验、机械工程材料综合实验等的内容主要以满足材料化学、无机非金属材料、机械工程材料等专业的要求为主，而面向材料专业，特别是能满足材料物理、材料化学和无机非金属材料工程专业需求的教材并不多。同时，由于各高等学校在材料科学与工程学科相关本科专业的培养目标方面各有特色和侧重，已有的同类教材或教程也不能很好地满足各高校对材料各专业本科生培养的要求和需要。为此，我们从 2000 年开始，针对材料化学、材料物理本科专业编写了适合此专业培养方案要求和学科特色发展的材料专业综合实验讲义。2009 年新增无机非金属材料工程本科专业后，对实验讲义进行了修订和增补，以满足三个本科专业在材料物理性能实验的要求和需要。经过近 10 年的使用、修改和完善，本实验讲义已在内容、形式、完整性和系统性等方面达到相关要求。

本教材定名为《材料专业综合实验教程》，是依据材料科学与工程教学指导委员会材料相关专业规范的要求，根据高等学校材料化学、材料物理、无机非金属材料工程本科专业的培养目标编写而成的。本教程针对材料物理、材料化学与无机非金属材料工程本科专业，收集、整理和设计了若干个当前比较成熟的、常用的有关材料专业综合实验，按照金属、无机非金属材料、高分子材料和复合材料四个类别，安排 6 个部分的实验，每个实验主要包含实验目的、实验原理、实验设备和材料、实验内容与步骤、实验报告、问题与讨论，以及参考文献等内容，旨在为学生和指导教师提供尽可能完备与系统的材料综合实验指导，力求让学生熟练掌握材料综合实验的基本操作技能，使学生在综合实验动手能力方面得到进一步的培养与训练。

本书的编写是多年来从事材料物理与化学制备实验教学工作的老师们共同努力的结果。本教程参加编写的有周祯来（第一章）、管洪涛（第二章）、黄强（第三章）、陈刚（第四章）、肖雪春（第五章）和王莉红（第六章）。全书由王毓德教授统稿。

本教程由云南大学双一流建设专项经费资助出版。

在本教程编写过程中，参考了国内各兄弟院校的材料合成与制备实验教材和相关的著作、期刊论文、学位论文、文献资料等，谨此表示衷心的感谢。

由于编者水平有限和经验不足，书中难免有一些不当和遗漏之处，敬请读者批评指正。

编者

2020 年 3 月

于云南大学

◎ **第一章　碳钢金相组织及性能分析综合实验** 1

实验一　金相显微分析基础实验 …… 2

实验二　金相样品制备实验 …… 8

实验三　碳钢及生铁平衡组织观察实验 …… 12

实验四　碳钢硬度测量实验 …… 16

实验五　40Cr 碳钢热处理实验 …… 21

实验六　40Cr 碳钢热处理后金相显微分析实验 …… 26

◎ **第二章　普通硅酸盐水泥材料综合实验** 29

实验七　水泥净浆标准稠度用水量实验 …… 30

实验八　水泥凝结时间测定实验 …… 33

实验九　水泥安定性测定实验 …… 35

实验十　水泥胶砂流动度实验 …… 38

实验十一　水泥胶砂强度测定实验 …… 41

实验十二　膨胀水泥膨胀性测定实验 …… 44

实验十三　水泥熟料中游离氧化钙含量测定实验 …… 47

◎ **第三章　活性炭的制备与性能研究综合实验** 52

实验十四　化学活化法制备活性炭实验 …… 53

实验十五　活性炭的结构表征实验 …… 59

实验十六　活性炭的表面改性实验 …… 64

实验十七　活性炭的表面电荷测定实验 …… 65

实验十八　活性炭的吸附性能实验 …… 67

实验十九　活性炭负载纳米金属氧化物复合材料的制备与表征实验 …… 71

实验二十　活性炭负载纳米 TiO_2 的光催化氧化降解有机染料性能实验 …… 73
实验二十一　活性炭负载纳米 TiO_2 的光催化还原六价铬离子实验 …… 77

◎ **第四章　钙钛矿结构电磁材料性能研究及稀土离子掺杂改性综合实验** 82
实验二十二　钙钛矿结构陶瓷材料的粉体制备实验 …… 84
实验二十三　钛酸钡陶瓷材料成型及电极片制备实验 …… 85
实验二十四　钛酸钡极片的介电性能测试实验 …… 87
实验二十五　钛酸钡粉体稀土掺杂改性实验 …… 92
实验二十六　钛酸钡粉体 SiO_2 包裹改性实验 …… 94

◎ **第五章　高分子化学与高分子物理综合实验** 96
实验二十七　乙酸乙烯酯乳液聚合实验 …… 97
实验二十八　聚乙酸乙烯酯的醇解实验 …… 100
实验二十九　聚乙烯醇的醇解度的测定实验 …… 102
实验三十　聚乙烯醇的分子量的测定实验 …… 105
实验三十一　聚乙烯醇缩甲醛的制备实验 …… 112
实验三十二　聚乙烯醇缩甲醛水溶液黏度的测定实验 …… 115

◎ **第六章　磁性 Fe_3O_4/C 复合材料的水处理综合实验** 118
实验三十三　Fe_3O_4 粉体的制备合成实验 …… 120
实验三十四　KOH 活化剂制备活性炭及其表征实验 …… 122
实验三十五　Fe_3O_4/C 复合材料的制备合成实验 …… 123
实验三十六　Fe_3O_4 与 Fe_3O_4/C 的表征分析实验 …… 125
实验三十七　六价铬离子标准曲线的绘制实验 …… 127
实验三十八　Fe_3O_4/C 复合材料对 Cr^{6+} 的吸附性能实验 …… 130

◎ **参考文献** 134

第一章 碳钢金相组织及性能分析综合实验

金属材料在国民经济发展和人们的日常生产生活中占有重要地位。对于金属材料来说，其化学成分不同、组织结构不同，其性能也会产生较大的差异。对于同一种成分的金属材料，通过不同的加工、处理工艺，改变材料内部的组织结构，也可使其性能发生极大的变化。铁作为一种最常见、应用最广泛的金属材料之一，当将其与碳形成合金时，根据其组织内含碳量的不同，可形成纯铁、碳钢、铸铁等不同的结构，且具有各异的性能。了解和掌握不同铁碳合金的组织结构及性能与其中含碳量的关系，可以将不同的材料用于不同场合或者根据不同应用领域设计、选取不同含碳量的合金材料。

碳钢金相组织及相应性能分析实验是材料专业本科生的专业基础实验之一，本综合实验以40Cr碳钢合金为例，主要设计了以下几个实验：

实验一　金相显微分析基础实验

实验二　金相样品制备实验

实验三　碳钢及生铁平衡组织观察实验

实验四　碳钢硬度测量实验

实验五　40Cr碳钢热处理实验

实验六　40Cr碳钢热处理后金相显微分析实验

实验一　金相显微分析基础实验

一、实验目的

1. 了解金相显微镜的构造、原理及应用。
2. 掌握利用金相显微镜对金相样品进行分析的方法和步骤。
3. 利用金相显微镜对一标准金相样品进行分析。

二、实验原理

金相分析（metallographical analysis）是研究金属及其合金内部组织及缺陷的主要方法之一，它在金属材料的研究领域中占有重要的地位。利用金相显微镜在预制金相试样上放大100～1500倍来研究金属及合金组织结构的方法称为金相显微分析法，它是研究金属材料微观结构最基本的实验技术手段之一。通过金相显微分析，可以分析金属及合金的组织结构与其化学成分之间的关系，可以确定各类合金材料经不同的加工工艺或热处理后的显微组织，同时也可以判断金属材料晶粒度的大小。

在现代金相显微分析技术中，金相显微镜是广泛应用的仪器之一，下面将对其原理及应用做简要介绍。

1. 金相显微镜的成像原理

显微镜主要由物镜及目镜两个光学系统组成。靠近所观察物体的透镜叫作物镜，而靠近眼睛的透镜叫作目镜。借助物镜与目镜的两次放大，就能将物体放大到很高的倍数（40～2000倍）。图1-1所示是在显微镜中得到的放大物像的光学原理。

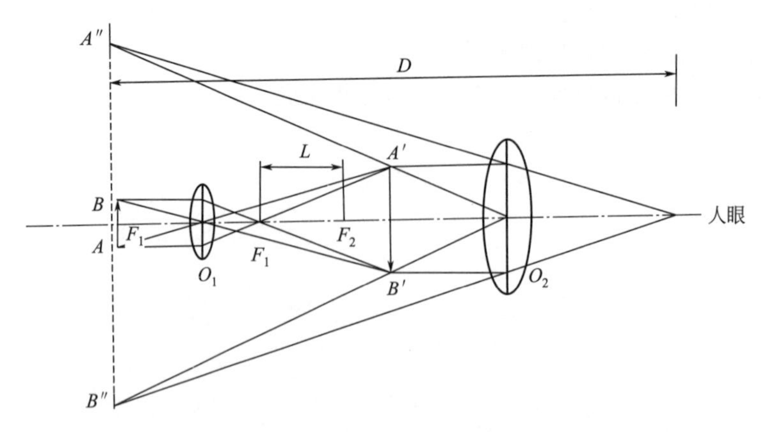

图1-1　放大物像的光学原理

被观察的物体 AB 放在物镜之前距其焦距略远一些位置，由物体反射的光线穿过物镜，经折射后得到一个放大了的倒立实像 $A'B'$，再经目镜将实像 $A'B'$ 放大成倒立虚像 $A''B''$，这就是我们在显微镜下研究实物时所观察到的经过二次放大后的物像。在显微镜设计时，让目镜的焦点位置与物镜放大所成的实像位置接近，并使最终的倒立虚像在距眼睛 250mm（约等于人眼的正常明视距离）处成像，这样就可以看得最为清晰。

物镜的放大倍数可由式(1-1) 得出：

$$M_{物}=\frac{L}{F_1} \tag{1-1}$$

式中，L 表示显微镜的光学筒长度（即物镜后焦点与目镜前焦点的距离）；F_1 表示物镜焦距。

而 $A'B'$ 经目镜放大后的放大倍数则表示为：

$$M_{目}=\frac{D}{F_2} \tag{1-2}$$

式中，D 表示明视距离（250mm）；F_2 表示目镜焦距。

显微镜的总放大倍数等于物镜的放大倍数乘以目镜的放大倍数。即：

$$M_{总}=M_{物}\times M_{目}=\frac{DL}{F_1F_2}=\frac{250L}{F_1F_2} \tag{1-3}$$

显微镜的放大倍率还受鉴别率的限制，所谓显微镜的鉴别率是指显微镜对所观察物体上彼此相近的两点产生清晰的成像的能力，其数学表示式为：

$$d=\frac{\lambda}{A} \tag{1-4}$$

式中，d 表示显微镜中可区分的两点之间最小的距离；λ 为所用光波波长；A 表示物镜的数值孔径，由物镜的结构决定，可表示为：

$$A=n\sin\varphi \tag{1-5}$$

式中，n 表示物镜与物体间介质的折射率；φ 表示物镜孔径角的一半（如图 1-2 所示）。

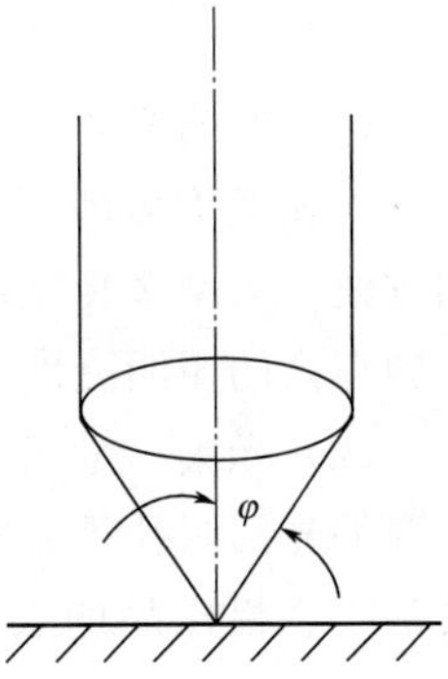

由此可见，目镜只是物像所造成的像放大，但不能发现组织的新的特点（如提高鉴别率），因此物镜是决定显微镜有效放大率的主要部件。

图 1-2　孔径角

2. 金相显微镜的构造

金相显微镜通常由光学系统、照明系统和机械系统三大部分组成，有的显微镜还附有摄影装置。图 1-3 是标准型台式金相显微镜的外形结构。

标准型金相显微镜的光学系统如图 1-4 所示，由灯泡发出的光束经聚光后会聚于孔径光阑处，第二次聚光后光斑将和物镜的后焦面重合，最后将平行的光束投射到试样上。从试样上反射回来的光线重新进入物镜，经由平面玻璃和棱镜组形成一个倒立的放大实像，此像被目镜第二次放大，在人眼的明视距离处形成最终的虚像。

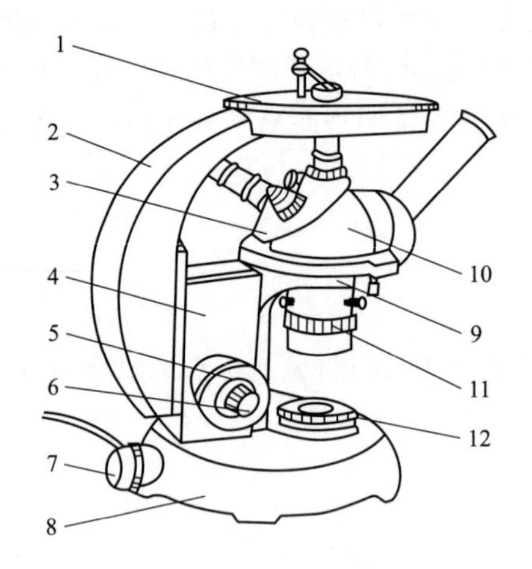

图 1-3　标准型台式金相显微镜的外形结构

1—载物台；2—镜臂；3—物镜转换器；4—微动座；5—粗动调焦手轮；6—微动调焦手轮；7—照明装置；8—底座；9—平台托架；10—碗头组；11—视场光阑；12—孔径光阑

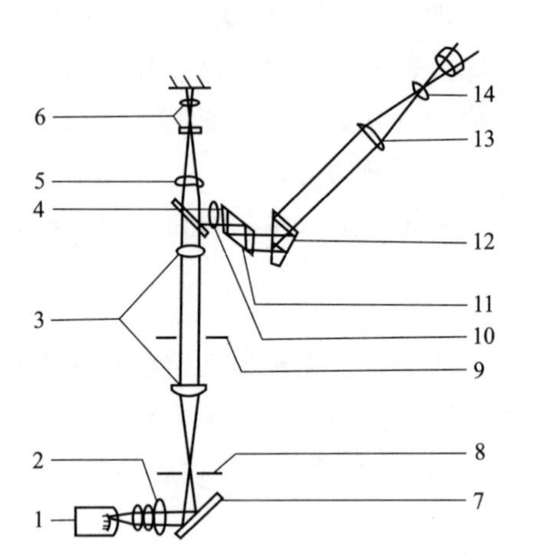

图 1-4　标准型金相显微镜的光学系统

1—灯泡；2—聚光镜组（1）；3—聚光镜组（2）；4—半反射镜；5—辅助透镜（1）；6—物镜组；7—反光镜；8—孔径光阑；9—视场光阑；10—辅助透镜（2）；11，12—棱镜；13—场镜；14—接目镜

3. 金相显微镜的照明系统

由于金相样品不能被光线透过，故金相显微镜必须依靠附加光源才能对样品进行分析，这是和生物显微镜的明显差别。金相显微镜的照明系统包括照明光源、光阑、滤色片和垂直照明器等。

（1）照明光源　一般使用低压钨丝灯、碳弧灯或布碘钨灯等作为照明光源。小型金相显微镜多用 6～8V、15～20W 钨丝灯。这种光源简单可靠，价格便宜，使用方便。大型金相显微镜除配有低压钨丝灯外还配备碳弧灯或碘钨灯。后两种灯能达到很高的照明亮度，有利于暗场观察和照相。

（2）光阑　金相显微镜一般装有两个光阑，分别是孔径光阑和视域光阑。靠近光源的光阑叫孔径光阑，视域光阑则位于其后侧，它所处的光学位置正好使它的像着落于金相样品的表面上。这一对光阑的调节对显微镜的成像质量具有重要的影响。

调节孔径光阑的大小可改变成像光束的直径，即控制了进入光学系统的光通量，直接影响着物像的亮度。缩小孔径光阑可减小球差和像散，加大景深和衬度，使图像清晰。这些效果都是由于孔径半角减小产生的。但孔径半角的减小会造成物镜分辨率的降低，如果把孔径半角加大（即放大光阑），则会造成相反的结果。此外，光阑扩张过大还会造成镜筒内部反射和闪光，使图像衬度下降。经验证明，合适的孔径光阑直径应位于 3～5mm 之间。

调节视域光阑的大小可以改变观察区域的范围，对显微镜的分辨率没有影响，但可以减小镜筒内反射和闪光对成像质量的影响，增加像的衬度。因此，视域光阑应尽量缩小，直至其大小和目镜的视域范围相同，在照相时则应调节到和图像的尺寸相当。

上述两种光阑的协调作用可以提高显微镜成像的质量，但不能利用它们来调整图像的亮度。如果要增加亮度，则应从改进光源着手，这是在操作过程中应该注意到的。

(3) 滤色片　显微镜中的物镜和目镜均由若干片透镜组成，目的是尽可能消除透镜成像的缺陷，主要是色差和球面相差。需用的物镜有消色差物镜和复消色差物镜。放大倍数较小时，一般用消色差物镜，放大倍数高时用复消色差物镜，可同时消除球面像差，但是成像面为弯曲的，须用补偿目镜，使视场中心与边缘同时成清晰的像。

对不同颜色的光，折射率不同，用多色光（白光）照明时得到的像总有一些模糊，即为色差。使用消色差物镜也不能完全消除，所以使用滤片可进一步使成像轮廓清晰。一般消色差物镜是校正光谱上的黄绿色部分，因此使用黄绿色的滤片可以更好地消除色差。

(4) 垂直照明器　金相显微镜的光源位于镜筒侧面，其照射方向与主光轴正交。垂直照明器的作用是使水平方向的光束转换成垂直方向，在通过物镜后照射到金相样品的水平磨面上。由于观察目的不同，金相显微镜的照明方式也不同。照明方式可分为明场照明和暗场照明两种。下面分别介绍这两种照明方式及它们各自配用的垂直照明器。

① 明场照明　明场照明使用的垂直照明器有两类，即全反射棱镜垂直照明器和平面玻璃垂直照明器，其结构如图 1-5 和图 1-6 所示。

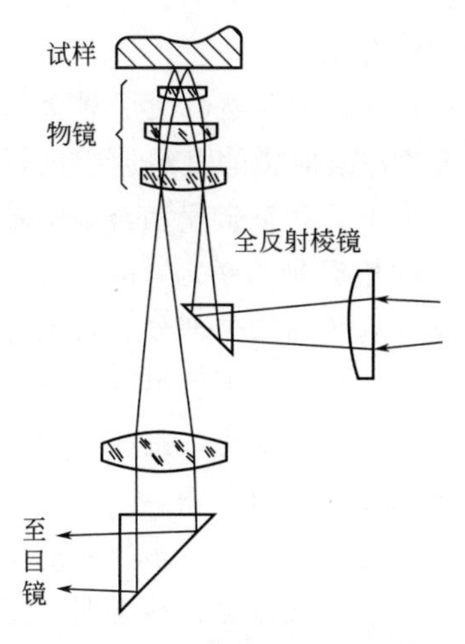

图 1-5　全反射棱镜垂直照明器

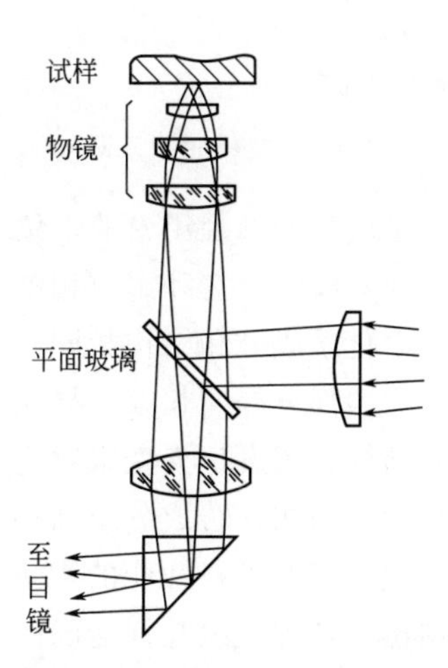

图 1-6　平面玻璃垂直照明器

a. 全反射棱镜垂直照明器　反射棱镜利用其全反射的特点，将光线偏转 90°，但是棱镜只能安放在镜筒的半边位置，因此只能使用镜筒左半边的光线进入物镜的孔径。当光线从试样表面反射回来时，又只能从镜筒右边进入目镜继续放大成像，这相当于物镜的有效数值孔径减小了一半，分辨率就会降低。但是棱镜能将光源的全部光线转射到试样的表面，可获得较大的亮度，并能增加像的衬度。基于上述特点，全反射棱镜垂直照明器只能在低倍和要求高照明度的条件下使用。

b. 平面玻璃垂直照明器　入射光线照射到具有 45°倾角的平面玻璃表面时，一部分透过玻璃被镜筒吸收，另一部分反射光线进入物镜，可充满物镜的孔径角，使物镜的分辨率充分发挥出来。但是当光线从试样表面反射回来时，再次和平面玻璃相遇，光线的透过部分可进入目镜，而反射部分又一次被镜筒吸收。由此可见，在平面玻璃垂直照明器内，光线的损失很大（损失量可占 75%～90%），形成的图像衬度亦稍差。因为这种照明器的有效数值孔径不受影响，因此它适用于高倍分析。

② 暗场照明　明场中入射光束进入物镜后直接照射到试样上，而暗场则是入射光束绕过物镜斜射到试样表面，由表面反射出来的光线，进入物镜成像。这个过程是借助于一个环形光阑和一个曲面反射镜来完成的，其结构如图 1-7 所示。这种布置的特点在于：当试样表面为一平滑镜面时，由于反射线高度倾斜，致使它们无法进入物镜，视场内呈现一片黑暗；当试样表面存在凹坑或凸出物时，反射光线倾斜程度变小，有可能进入物镜，得到具有一定亮度的像。因此暗场像特别适用于观察平滑表面上存在的细小粒子，故常用于弥散第二相和非金属夹杂物的鉴别。

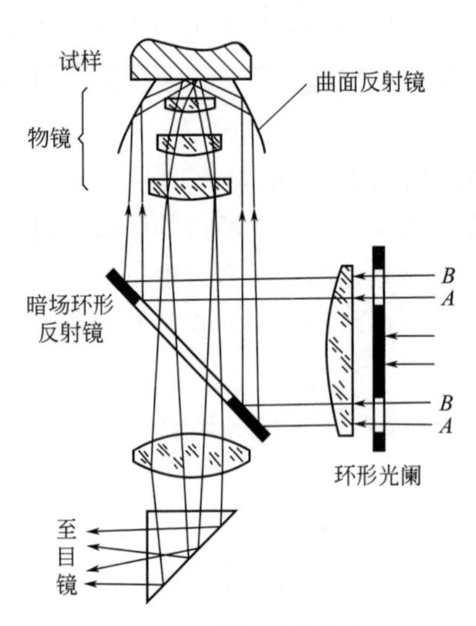

图 1-7　暗场照明光路

4. 显微组织分析

金相显微分析是指在显微镜下对金属和合金内部具有的各种组成物的直观形貌进行观察研究。组成物的形貌用专业术语就称为“组织”。“组织”就是金属和合金中具有自己特征的构成物，它和组成相的形状、大小、分布和相对量有关。“相”则是金属和合金中化学成分和结构相同、并用界面和其他部分隔开的均匀部分。若要检验相邻两个均匀部分属同相或属异相时，则可以从一个相通过界面到达另一部分，视其成分和结构是否发生突变来判定。如果成分和结构并未发生变化，则相邻两个组成部分仍为同一相；若成分或结构发生变化则界面两边分别是两个相。

组织形态对材料性能的影响远远超过了相对材料性能的影响。多年来的研究已经总结出了各种组织与性能间的定量和定性的规律，这些规律综合地说明：组织是性能的根据，性能是组织对外的表现。由于组织是随着成分和工艺参数而变化的，因此在进行组织研究时应分析影响组织变化的条件。

对金相显微组织的观察，首先，根据合金的成分，结合状态图推理判断合金中可能出现的组成相；其次，根据合金的加工工艺过程，结合相变和加工条件，估计加工后各种组成相的形态；最后，对已制备好的合乎要求的金相试样，在显微镜下先采用一般的明场分析，从低倍到高倍进行观察。在特殊的情况下可应用暗场、偏光、相衬和干涉等显微分析法。

三、实验设备和材料

1. 实验设备

金相显微镜。

2. 实验材料

金相样品。

四、实验内容和步骤

1. 将样品放在载物台上，将样品的观察面向上，为了使观察面与载物台平行，将样品放入粘在载玻片上的胶泥内，用压平器将表面压平。

2. 推入平面透镜推杆，抽出棱镜推杆，即为平面透镜照明，反之即为棱镜照明。先用粗调看到样品的相后再用细调螺旋，使在目镜中看到清晰的显微组织。为了不致使物镜碰在样品表面上而损坏，可先将物镜接近样品，然后眼睛在物镜中观察，同时用粗调螺旋使样品与物镜逐渐分开，逐步观察到相，再用细调螺旋使像清晰。

3. 调节视场光阑，至目镜中见到光阑边缘恰好出视场，调节孔径光阑，使像的质量最好。

4. 调节载物台的调节螺旋，观察样品上较大面积的情况。更换物镜，改变放大倍率，重复以上步骤，对样品进行观察。

5. 注意事项：金相显微镜属于贵重仪器，操作中要小心，以免损坏；无论如何不能拆开显微镜的光学部分，不能随便擦镜头上的透镜；样品安放在载物台上空前，必须完全干燥，且没有可能损坏及载物零件的浸蚀剂遗迹；实验完毕后，要收拾好所用的物镜、目镜等，保持清洁整齐。

五、实验报告

概略记述实验过程，写下操作中主要心得体会。

六、问题与讨论

1. 金相显微镜在使用和维护中，应该注意哪些事项？

2. 简述显微镜的放大成像原理。

实验二　金相样品制备实验

一、实验目的

1. 掌握试样制备的方法，学会化学抛光，在短时间内完成金相试样的制备过程，达到组织清晰、无人为假象。

2. 利用金相显微镜对所制备样品进行金相观察，画出样品的金相组织结构。

二、实验原理

金相显微试样的制备过程主要包括取样、镶嵌、磨制、抛光和浸蚀等工艺。下面分别加以简要说明。

1. 取样

显微试样的选择应根据研究的目的，取其具有代表性的部位。例如在检验和分析失效零件的损坏原因时，除了在损坏部位取样外，还需要在离破坏处较远的部位截取试样以便比较；在研究金属铸件组织时，由于存在偏析现象，必须从表面层到中心同时取样进行观察；对于轧制和锻造材料则应同时截取横向（垂直轧制方向）及纵向（平行轧制方向）的金相试样，以便于分析比较表层缺陷及非金属夹杂物的分布情况；对于一般热处理后的零件，由于金相组织比较均匀，试样的截取可在任一截面进行。

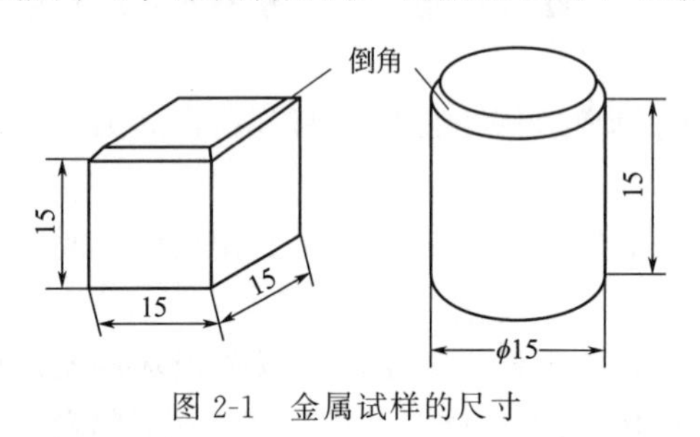

图 2-1　金属试样的尺寸

试样的尺寸通常采用直径 12～15mm，高 12～15mm 的圆柱体或边长 12～15mm 的方形试样（如图 2-1 所示）。

2. 镶嵌

若试样的尺寸太小（如金属丝、薄片等），直接用手拿磨制比较困难，需要首先对所取试样进行镶嵌处理。对金相试样的镶嵌可以使用试样夹或利用样品镶嵌机；或把试样镶嵌在低熔点合金或塑料中（如胶木粉、聚乙烯及聚合树脂、牙托粉与牙托水的混合物），如图 2-2 所示。

3. 磨制

试样的磨制一般分粗磨和细磨两道工序。

(1) 粗磨　粗磨的目的是为了获得一个平整的表面。碳钢试样的粗磨通常在砂轮机上进行，但在磨制时应注意试样对砂轮的压力不宜过大，否则会在试样表面形

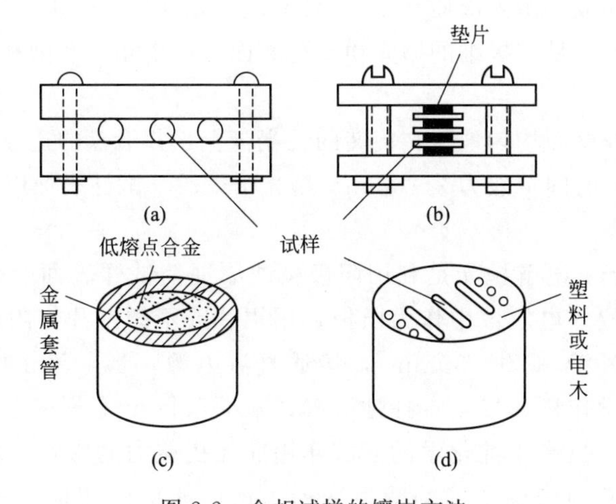

图 2-2 金相试样的镶嵌方法

(a),(b) 机械镶嵌;(c) 低熔点合金镶嵌;(d) 塑料镶嵌

成很深的磨痕,增加精磨和抛光的困难;同时在粗磨时要随时用水冷却试样,以免受热引起组织变化;试样边缘的棱角若无保留必要,可进行倒角,以免在细磨及抛光时撕破砂纸或抛光布,甚至造成试样从抛光机上飞出伤人。

(2) 细磨 经粗磨后试样表面虽较平整,但仍存在有较深的磨痕(如图 2-3 所示),需要进行下一步细磨处理。细磨的目的就是为了消除粗磨后留下的磨痕,以得到平整而光滑的磨面,为下一步的抛光作好准备。

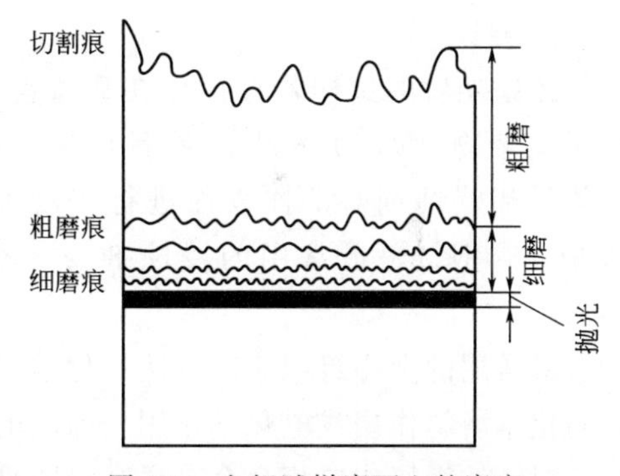

图 2-3 金相试样磨面上的磨痕

细磨是在一套粗细程度不同的金相砂纸上,由粗到细依次顺序进行。细磨前要将试样用水冲洗干净。每更换一号砂纸时,也要将试样冲洗干净,且将试样的研磨方向调转 90°,即与上一道磨痕方向垂直,直到将上一号砂纸所产生的磨痕全部消除为止。为了加快磨制速度,除手工磨制外,还可将不同型号的砂纸贴在带有旋转圆盘的预磨机上,实现机械磨制。

4. 抛光

细磨后的试样还需进一步抛光。抛光的目的是去除细磨时遗留下来的细微磨痕从而获得光亮的镜面。

金相试样的抛光方法一般可分为机械抛光、电解抛光和化学抛光三种。

(1) 机械抛光 机械抛光在专用的抛光机上进行。抛光机主要由电动机和抛光圆盘组成,抛光盘采用无级变速调速。抛光盘上铺以抛光布,一般以细帆布、呢绒、丝绸等裁剪而成。抛光液通常采用 Al_2O_3、MgO 或 Cr_2O_3 等细粉末在水中的悬浮液。机械抛光就是靠极细的抛光粉末与磨面间产生相对磨削和滚压作用来消除磨痕的。

操作时将试样磨面均匀地压在旋转的抛光盘上，并沿盘的边缘到中心不断作径向往复运动。抛光时间一般为 2～6min。抛光结束后，试样表面应看不出任何磨痕而呈现光亮的镜面。

（2）电解抛光　电解抛光是利用阳极腐蚀原理使试样表面变得平滑光亮的一种方法。将试样浸入电解液中作为阳极，用铝片或不锈钢片作阴极，使试样与阴极之间保持一定距离（20～30mm），接通直流电源。当电流密度足够时，试样磨面即由于电化学作用而发生选择性溶解，从而获得光滑平整的表面。这种方法的优点是速度快，只产生纯化学的溶解作用而无机械力的影响，因此可避免在机械抛光时可能引起的表层金属的塑性变形，从而能更确切地显示真实的金相组织。但电解抛光操作时工艺规程不易控制，如电解液选择不当会达不到理想的效果。

（3）化学抛光　其实质与电解抛光相类似，也是一个表层溶解过程。它是将化学试剂涂在试样表面上约几秒至几分钟，依靠化学腐蚀作用使表面发生选择性溶解，从而得到光滑平整的表面。

5. 浸蚀

经抛光后的试样若直接放在显微镜下观察，只能看到一片亮光，除某些非金属夹杂物（如 M_nS 及石墨等）外，无法辨别出各种组成物及其形态特征。必须使用浸蚀剂对试样表面进行“浸蚀”，才能清楚地显示出显微组织的真实情况。碳钢材料最常用的浸蚀剂为 3%～5%硝酸酒精溶液或 4%苦味酸酒精溶液。

最常用的金相组织显示方法是化学浸蚀法。其主要原理是利用浸蚀剂对试样表面的化学溶解作用或电化学作用（即微电池原理）来显示组织。

对于纯金属或单相合金来说，浸蚀是一个纯化学溶解过程。由于金属及合金的晶界上原子排列混乱，并有较高能量，故晶界处容易被浸蚀而呈现凹沟，同时由于每个晶粒原子排列的位向不同，表面溶解速度也不一样，因此试样被浸蚀后会呈现轻微的凹凸不平，在垂直光线的照射下将显示出明暗不同的晶粒，如图 2-4 所示。

对于两相以上的合金而言，浸蚀主要是一个电化学腐蚀过程。由于各组成相具有不同的电极电位，试样浸入浸蚀剂中就在两相之间形成无数对微电池。具有负电位的一相成为阳极，被迅速溶入浸蚀剂中形成凹洼，具有正电位的另一相则为阴极，在正常电化学作用下不受浸蚀而保持原有平面。当光线照射到凹凸不平的试样表面时，由于各处对光线的反射程度不同，在显微镜下就能看到各种不同的组织和组成相，如图 2-5 所示。

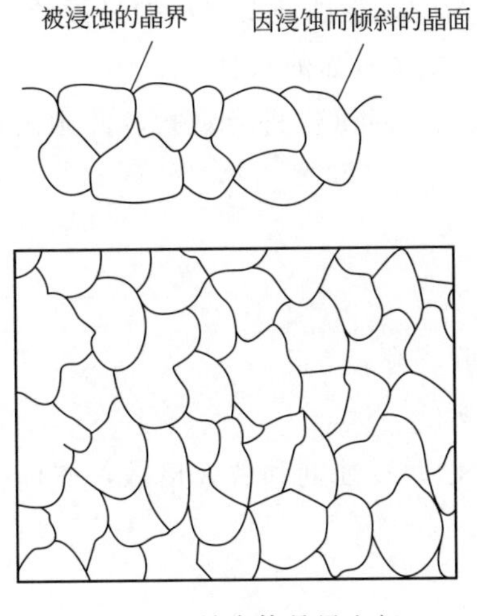

图 2-4 铁素体晶界金相

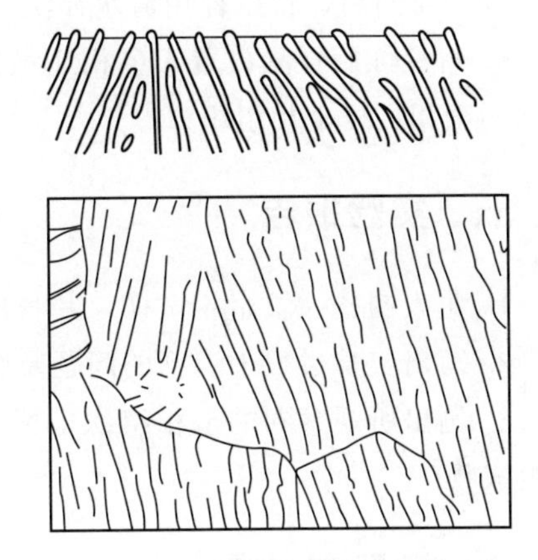

图 2-5 两相组织中片状珠光体金相

浸蚀方法是将试样磨面浸入浸蚀剂中，或用棉花蘸上浸蚀剂擦拭表面。浸蚀时间要适中，一般试样磨面发暗时可停止浸蚀，如果浸蚀不足可重复浸蚀。浸蚀完毕后立即用水冲洗，接着用酒精冲洗，最后用吹风机吹干。这样制得的金相试样即可在显微镜下进行观察和分析研究。

三、实验设备和材料

1. 实验设备

砂轮机、金相预磨机、金相抛光机、金相显微镜。

2. 实验材料

金相砂纸、水砂纸、抛光布、抛光膏、浸蚀剂、脱脂棉。

四、实验内容和步骤

1. 将切割机裁切下的试样在砂轮机上打磨，以去除试样切割面上的毛刺。

2. 金相预磨机换上水砂纸，接通电源开动预磨机，在预磨机转盘上加入少量水，将试样用手拿好按压在预磨机上，磨几秒钟后将试样拿起，用清水冲洗并将研磨方向调转 90°，直到获得平整的表面。

3. 预磨机从粗到细换上粗砂纸和细砂纸，直到试样表面的磨痕全部消除为止。

4. 将抛光布用清水搓洗干净，并牢牢固定在抛光机上，抛光布要铺平整并紧贴抛光盘面。用抛光膏加水配置抛光液，打开抛光机开关，用试样蘸取一定量的抛光液，然后将试样按压在抛光布上。将试样旋转 90°后，再蘸取抛光液进行抛光，直到将抛光面抛至镜面为止。

5. 将抛光后的试样以抛光面向下浸入浸蚀剂中，浸蚀前要保证抛光面的洁净。达到浸蚀时间后，将试样用清水冲洗，然后吹去试样表面的水分。

6. 将浸蚀后样品放置于金相显微镜载物台上，对试样进行观察，并画出所观察到的金相试样金相组织。

五、实验报告

1. 每人制备一块金相试样，并写出详细实验步骤。

2. 写出实验过程中遇到的问题及解决的方案。

3. 画出所观察到的金相组织，标明材料名称、浸蚀剂和放大倍数，并标明组织组成物。

六、问题与讨论

1. 在试样粗磨过程中为什么要加少量水?

2. 获得一个良好的金相样品的关键有哪些?

3. 如何选取合适的浸蚀剂?

实验三　碳钢及生铁平衡组织观察实验

一、实验目的

1. 研究和了解铁碳合金在平衡状态下的显微组织。

2. 分析成分及含碳量对铁碳合金显微组织的影响。

3. 对于碳钢样品，掌握根据铁素体、珠光体的相对面积大致估计其含碳量的方法。

二、实验原理

1. 铁碳合金基本组织组成物

铁碳合金（iron-carbon alloy）的显微组织是研究和分析钢铁材料性能的基础。所谓铁碳合金平衡状态的显微组织，就是指在极为缓慢的冷却条件下所得到的组织。根据铁碳相图（Fe-Fe_3C 相图）可以分析不同含碳量的铁碳合金在平衡状态下的显微组织。典型的铁碳平衡相图如图 3-1 所示。表 3-1 为铁碳平衡相图中各主要点说明。

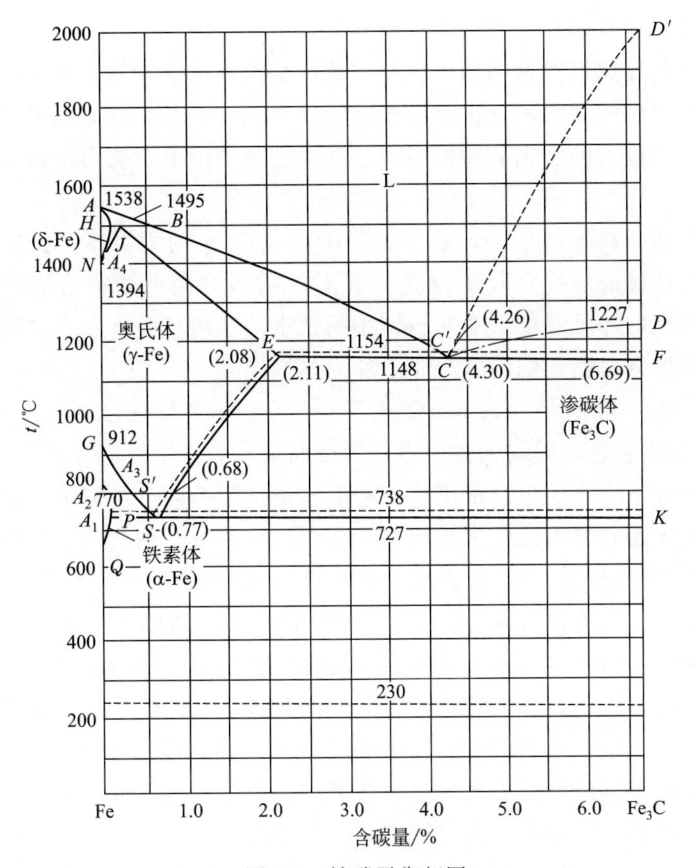

图 3-1　铁碳平衡相图

表 3-1　铁碳相图各主要点说明

符号	温度/℃	含碳量/%	含义说明
A	1538	0	纯铁的熔点
B	1495	0.53	包晶反应时液态金属的成分点
C	1148	4.30	共晶点：$L_C \rightleftharpoons A_E + Fe_3C$，产物称为莱氏体
D	1227	6.69	渗碳体的熔点
E	1148	2.11	碳在 γ-Fe 中的最大溶解度
F	1148	6.68	共晶反应渗碳体的成分点
G	912	0	α-Fe⇌γ-Fe 同素异构转变点(A_3)
H	1495	0.09	碳在 δ-Fe 中的最大溶解度
J	1495	0.17	包晶点：$L_B + \delta_H \rightleftharpoons A_J$
K	727	6.69	共析反应时渗碳体成分点
N	1394	0	γ-Fe⇌δ-Fe 同素异构转变点(A_4)
P	727	0.0218	碳在 α-Fe 中的最大溶解度
Q	600	0.0057	600℃时碳在 α-Fe 中的最大溶解度
S	727	0.77	共析点：$A_S \rightleftharpoons F_P + Fe_3C$，产物称为珠光体

注：A_E、A_J 和 A_S 表示成分分别在 E 点、J 点和 S 点的 A 相；A_1 表示 PSK 共析线；A_3 表示发生 α-Fe⇌γ-Fe 转变的 GS 线；A_4 表示发生 γ-Fe⇌δ-Fe 转变的 NJ 线。

铁碳合金的平衡组织主要指碳钢（carbon steel）和铸铁（cast iron）组织，它们的性能都与其显微组织密切相关。其中碳钢是工业上应用最广的金属材料，对碳钢和铸铁显微组织的观察和分析有助于加深对 Fe-Fe_3C 相图的理解和掌握。

用浸蚀剂处理后的碳钢和铸铁组织，在金相显微镜下主要可呈现以下几种基本组织组成物。

（1）铁素体　铁素体（ferrite，F）是碳在 α-Fe 中的固溶体。铁素体为体心立方晶格，具有良好的塑性，硬度较低。用3%～4%的硝酸酒精溶液浸蚀后，在显微镜下呈现明亮的等轴晶粒。亚共析钢中的铁素体呈块状分布，当含碳量接近共析成分时，铁素体则呈断续的网状分布于珠光体周围。

（2）渗碳体　渗碳体（cementite，Fe_3C）是由铁与碳形成的一种含碳量为 $w_C=6.69\%$的化合物，其耐蚀性较强，质硬而脆。经3%～4%的硝酸酒精溶液浸蚀后，在显微镜下呈亮白色。根据成分和形成条件的不同，渗碳体可呈现不同的形态：一次渗碳体是直接由液体中析出的，在白口铸铁中呈粗大的条片状；二次渗碳体是从奥氏体中析出的，往往呈网络状沿奥氏体晶界分布。

（3）珠光体　珠光体（pearlite，P）是铁素体和渗碳体的机械混合物，在一般退火处理情况下是由铁素体和渗碳体相互混合交替排列形成的层片状组织。经硝酸酒精溶液浸蚀后，在较高放大倍数下可清楚地看到珠光体中平行相见的宽条铁素体和细条渗碳体；当放大倍数较低时，由于显微镜的鉴别能力小于渗碳体片层厚度，这时珠光体中的渗碳体就只能看到是一条黑线；当组织较细且放大倍数较低时，珠光体的片层结构将不能分辨，而只能看到一片黑色。

（4）莱氏体　莱氏体（Ledeburite，L'_d）是在室温下由珠光体、渗碳体和二次渗碳体共同组成的机械混合物。莱氏体的显微组织特征是在亮白色的渗碳体基底上相间地分布有暗黑色斑点及细条状的珠光体。莱氏体一般存在于含碳量大于2.11%的白口铸铁中，在某些高碳合金钢的铸造组织中也经常看得到。

2. 铁碳合金平衡组织

铁碳合金的平衡组织是液态结晶及固态重结晶的综合结果。研究铁碳合金的结晶过程，可了解合金的组织形成，及其对铁碳合金性能的影响。根据组织特点及含碳量的不同，铁碳合金通常可分为工业纯铁、碳钢和铸铁三大类。

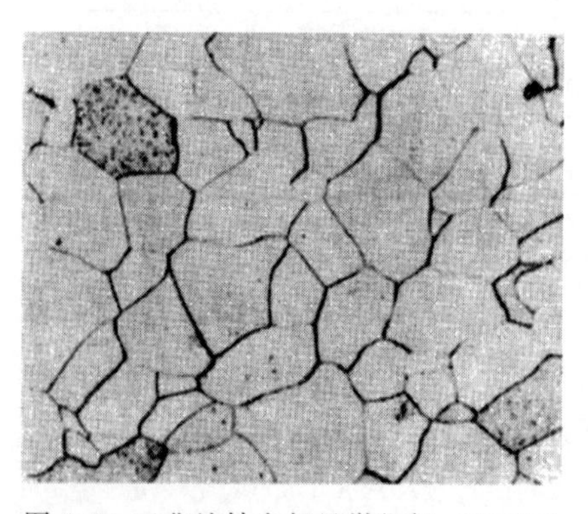

图 3-2　工业纯铁金相显微组织（400×）

（1）工业纯铁　含碳量 $w_C<0.0218\%$ 的铁碳合金通常称为工业纯铁（ingot iron），它为两相组织，由铁素体和少量三次渗碳体组成。图 3-2 为工业纯铁的金相显微组织。其中黑色线条为铁素体晶界，而亮白色基底则为铁素体的不规则等轴晶粒，在

某些晶界处可看到不连续的薄片状三次渗碳体。

(2) 亚共析钢 亚共析钢 (hypoeutectoid steel) 是含碳量为 $w_C=0.0218\%\sim0.77\%$的铁碳合金。由铁碳平衡相图可知，在退火状态时亚共析钢的组织中有铁素体和球光体，根据组织中铁素体、珠光体的比例，可以近似地确定钢的成分含量，用硝酸酒精作腐蚀剂时，亮色的为铁素体，黑色的为珠光体。含碳量 $w_C=0.77\%$时，珠光体含量为 100%，称为共析钢。

(3) 共析钢 含碳量 $w_C=0.77\%$的钢为共析钢 (eutectoid steel)，其退火状态的组织完全是珠光体，放大倍数较低时呈暗黑色，在较高放大倍数下可以看到铁素体和渗碳体的片层结构。

(4) 过共析钢 含碳量为 $w_C=0.77\%\sim2.11\%$的钢称为过共析钢 (hypereutectoid steel)。退火状态的过共析钢，其显微组织是珠光体和二次渗碳体。钢中含碳量越高，则二次渗碳体数量就越多。用硝酸酒精作腐蚀剂时，珠光体呈暗黑色，二次渗碳体呈白色细网状。

(5) 铸铁 含碳量 $w_C>2.11\%$的铁碳合金称为铸铁 (cast iron)。当含碳量较低、铸铁中的 Si 含量在 1%以下时，铸铁中的碳全部以 Fe_3C 形式存在，铸铁断口呈亮白色，故称为白口铸铁。白口铸铁在室温下的组织由珠光体、渗碳体和莱氏体组成。白口铸铁硬度高、脆性大，难以加工，因此在工业应用方面很少直接使用。

当铸铁中含碳量较高 ($w_C>4.3\%$)，且 Si、Al 等杂质元素含量也较高，冷却时也足够缓慢，铸铁中的碳就大部分以自由片状石墨形式存在，铸铁断口呈现灰色，故称为灰口铸铁。灰口铸铁显微组织中的石墨会呈现出薄片状、花瓣状，其基本组织可能是铁素体、珠光体或铁素体-珠光体。

灰口铸铁在机械制造中应用广泛，由于其结构中含自由石墨，降低了硬度，改善了切削加工性，使工件有较好的抗震性能。铸铁的力学性能很大程度上取决于石墨沉淀物的大小与形状。

在铸铁制造过程中加入一定量的球化剂 (通常是镁及某些稀土元素)，可以使析出石墨呈球状，这样就大大提高了铸铁的强度和韧性。这种铸铁称为球墨铸铁，许多情况下可以代替钢使用。

三、实验设备和材料

1. 实验设备

金相显微镜。

2. 实验材料

铁碳合金样品、金相图谱。

四、实验内容和步骤

(1) 将样品放在金相显微镜载物台上，用低放大倍数进行全面观察，找出典型组织。

（2）对观察到的典型组织利用高放大倍数进行局部详细观察。

（3）画出所观察到的组织，并标明组织名称、所用浸蚀剂及放大倍数。

五、实验报告

1. 按照实验操作步骤进行实验，熟悉不同含碳量铁碳合金的金相组织。

2. 画出不同含碳量试样的金相组织，并标明组织组成物名称、所用浸蚀剂名称及观察所用放大倍数。

六、问题与讨论

1. 铸铁中的石墨组织形状对材料的性能有何影响？

2. 谈谈对本实验的体会及实验中遇到的问题，以及如何解决。

实验四　碳钢硬度测量实验

一、实验目的

1. 了解碳钢材料的各种硬度测试方法。

2. 了解洛氏硬度计的主要结构及操作方法。

二、实验原理

金属的硬度（hardness）是决定材料力学性能的主要指标之一，硬度是金属材料抵抗弹性变形、塑性变形及其破坏的能力。另外，硬度与材料的其他力学性能之间也存在一定的关系，因此金属硬度对检查产品质量和确定金属材料的合理加工工艺，都起着决定性的作用。

目前常用的测量硬度的方法主要有两种：硬度的静力测量法（压入法）和动力测量法（回跳法、打击法）。硬度的静力测量法包括布氏、洛氏、维氏显微硬度等，而动力测量法包括肖氏、锤击硬度等，它们都具有测试简单、操作方便、试验设备维护简单等特点。所以，与其他力学性能的测试方法相比较，金属硬度的试验方法迅速，既适用于生产车间也适用于科学研究部门。

金属的硬度和金属的其他力学性能指标有一定的关系。由此，测出金属的硬度后，就可以近似反映出金属的其他力学性质，如钢的抗拉强度和布氏硬度值有如下近似关系：

$$\sigma_b = 0.362\mathrm{HB}(\mathrm{HB} < 175)(\mathrm{kgf}^{[1]}/\mathrm{mm}^2)$$

[1] 1kgf＝9.80665N。

$$\sigma_b = 0.345HB(HB > 175)(kgf/mm^2)$$

由此可以看出，不必破坏材料即可获得该材料的强度数据。因此，在工业上硬度测量法是金属材料的力学性能试验中不可缺少的测试项目。

1. 布氏测量法

布氏法简称布氏硬度，是1900年瑞典工程师布纳瑞（J. A. Brinell）在研究热处理对轧钢组织的影响时提出的。

布氏硬度的作用原理是在一定的载荷（P）作用下，将标准钢球压入试件，保持一定时间后去除载荷，测量由钢球压出的压痕直径（d），计算出压痕面积（S），再根据公式(4-1）计算出单位面积上所受的压力，即为布氏硬度值。布氏硬度符号为HB，单位为kgf/mm^2。

$$HB = \frac{P}{S}(kgf/mm^2) \tag{4-1}$$

值得指出的是，所测压痕是经恢复后的压痕，不包括弹性变形部分。

布氏硬度测试原理如图4-1所示。设压痕深度为h，则压痕面积可由式(4-2）得出：

$$S = \pi Dh \tag{4-2}$$

式中，D为钢球直径。

在直角$\triangle aOb$中，$Ob = \frac{D}{2} - h$，

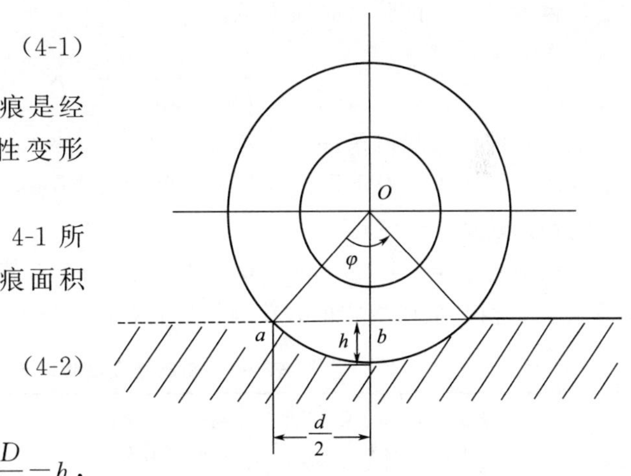

图4-1　布氏硬度测试原理

由勾股定律得：

$$Ob = \sqrt{Oa^2 - ab^2} = \sqrt{\left(\frac{D}{2}\right)^2 - \left(\frac{d}{2}\right)^2} = \frac{1}{2}\sqrt{D^2 - d^2} \tag{4-3}$$

则有：

$$h = \frac{D}{2} - Ob = \frac{D}{2} - \frac{1}{2}\sqrt{D^2 - d^2} = \frac{1}{2}\left(D - \sqrt{D^2 - d^2}\right) \tag{4-4}$$

将h代入式(4-2)，可得：

$$S = \frac{\pi}{2}D\left(D - \sqrt{D^2 - d^2}\right) \tag{4-5}$$

再将S值代入式(4-1)，可得：

$$HB = \frac{2P}{\pi D\left(D - \sqrt{D^2 - d^2}\right)} \tag{4-6}$$

根据公式，实验时只要量出压痕直径d，就可以得出布氏硬度值。

用同一钢球对不同试件进行压入时，加在钢球上的载荷越大，压入角也越大，则压痕面积越大。所谓压入角即是压痕直径所对的球体中心角φ。由图4-1可见，压入角、钢球直径D、压痕直径d之间存在以下关系：

$$\frac{d}{2}=\frac{D}{2}\sin\frac{\phi}{2}\text{，即}\quad d=D\sin\frac{\phi}{2} \tag{4-7}$$

将式(4-7) 代入式(4-6)，则得：

$$\mathrm{HB}=\frac{2P}{\pi D^2\left(1-\cos\frac{\phi}{2}\right)} \tag{4-8}$$

大家知道，当用同一材料的钢球压入同一试件时，虽然钢球直径不同，但所测得 HB 硬度值应该相同。为达到这一目的，不仅应当保证压入角的不变，即 $\pi\left(1-\cos\frac{\phi}{2}\right)$ 为一常数，而且试验还必须在与不同直径的钢球相对应的不同载荷下进行，也就是说，试验时必须满足：

$$\frac{P_1}{D_1^2}=\frac{P_2}{D_2^2}=\cdots=K \tag{4-9}$$

上述条件称为相似条件。只要满足 $P/D^2=K$ 这一条件，则对同一试件而言，其 HB 值必然相等，对不同试件其 HB 值的大小随压入角的大小而变，由此就可以比较它们的硬度。

按照国标规定，P/D^2 的比值有 30、10 和 2.5 三种，其中大多数布氏硬度计均采用 30，由它们所决定的载荷与钢球直径的实际规定值及使用范围，见表 4-1。

表 4-1 布氏硬度试验规范

材料	硬度范围 (HB)	试样厚度 /mm	载荷 P 与钢球直径 D 的关系	钢球直径 D /mm	载荷 /kgf	载荷保持时间/s
黑色金属	140～450	6～3 4～2 <2	$P=30D^2$	10.0 5.0 2.5	3000 750 187.5	10
黑色金属	<140	7～6 6～3 <3	$P=10D^2$	10.0 5.0 2.5	10000 250 62.5	10
有色金属	>130	6～3 4～2 <2	$P=30D^2$	10.0 5.0 2.5	3000 750 187.5	30
有色金属	36～130	9～3 6～3 <3	$P=10D^2$	10.0 5.0 2.5	10000 250 62.5	30
有色金属	8～25	7～6 6～3 <3	$P=2.5D^2$	10.0 5.0 2.5	250 62.5 15.6	60

在使用布氏硬度计测出 HB 值后应该明确注明实验条件，一般的表示方法为：HB. $D/P/T$，其中 D 表示钢球直径，P 表示载荷，T 表示保持载荷的时间，如：直径为 1.0mm 的钢球，压力为 300kgf，保载时间为 10s，HB 值为 250，则表示为：

$$\text{HB. }1.0/300/10=250\text{kgf/mm}^2$$

2. 洛氏测量法

洛氏硬度测量法简称洛氏法，它是用金刚石锥体或硬质钢球压头，根据试样的压痕深度来表示其硬度高低的试验方法，由美国人洛克韦尔（Rockwell）在 1919 年提出。

洛氏法所用金刚石圆锥体的锥角为 120°，顶端球面半径为 0.2mm，也可以用硬质钢球做压头，在预载荷 P_0 与载荷 P_1 的作用下，把压头压入试件，总载荷为：

$$P_{总}=P_0+P_1 \tag{4-10}$$

总载荷作用终了后，即卸除主载荷并保留预载荷时的压入深度 h，它与在预载荷作用下的压入深度 h_0 之差，就可以表示洛氏硬度。此差值越大，说明压入深度越深，则试件的洛氏硬度也越低；反之，此差值越小，说明压入深度浅，试件的硬度越高。

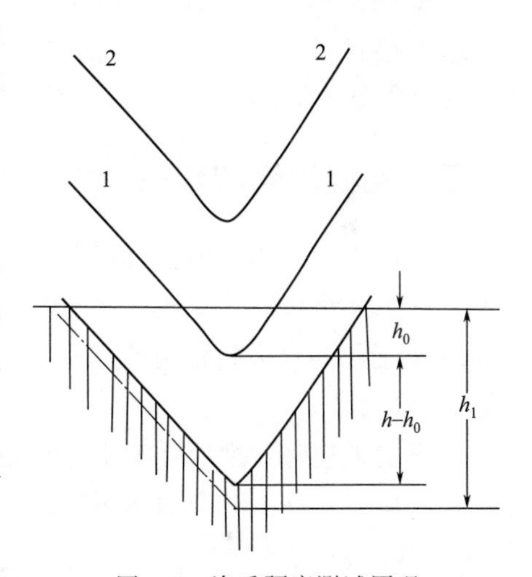

图 4-2　洛氏硬度测试原理

洛氏硬度测试原理如图 4-2 所示。

洛氏硬度的符号为 HR，根据压头和适用的载荷不同，又分为若干级，如表 4-2 所示。常用的有 A、B、C 三级，分别记为 HRA、HRB、HRC，其中 HRC 在一般冶金行业中应用最广泛。

表 4-2　洛氏硬度试验规范

硬度级	符号	压头	载荷/kgf	使用范围(HR)	应　用
A	HRA	金刚石圆锥	60	70～85	碳化物、硬质合金、淬火钢
B	HRB	1/6in① 钢球	100	25～100	软钢、铜合金、铝合金
C	HRC	金刚石圆锥	150	20～67	淬火钢

① 1in＝25.4mm。

由于洛氏硬度是压入深度为单位，故规定试件被压入 0.002mm 算作一个硬度单位，由此可得出它的计算公式如下。

对于 A、C 级：

$$\text{HRA(HRC)}=100-\frac{h_1-h_0}{0.002} \tag{4-11}$$

对于 B 级：

$$HRB=130-\frac{h_1-h_0}{0.002} \tag{4-12}$$

可见，洛氏硬度是不同金属试件压入深度的相互比较，通常人们用深度来表明洛氏硬度的高低，如硬度 HRC47、硬度 HRB59 等。

本实验以洛氏硬度计为例，测定铁碳合金试样的 HRC 硬度值。

三、实验设备和材料

1. 实验设备

洛氏硬度计。

2. 实验材料

铁碳合金样品。

四、实验内容和步骤

1. 将符合测试要求的试样放置于硬度计试样台上，顺时针转动硬度计手柄，使压头与试样缓慢接触，直至硬度计表盘小指针指到零点，表示已预加载荷 10kgf。然后将表盘大指针调整至零点。此时，压头处于图 4-2 中“1”的位置，压入深度为 h_0。

2. 平稳地逆时针拨动硬度计手柄施加主载荷 140kgf，在总载荷 150kgf 时总压力深度为 h_1，则在主载荷的作用下其压力深度为 h_1-h_0，故此时百分表指针的位置为$\frac{h_1-h_0}{0.002}$，式中 h_1 包括弹性变形和塑性变形。

3. 当表盘中大指针反向旋转若干格并停止时，顺时针拨动手柄卸去主载荷，保留预载荷。由于弹性变形的恢复，表盘指针回转到$\frac{h_1-h_0}{0.002}$的距离，此时指针顺时针方向的位置为 $100-\frac{h_1-h_0}{0.002}$，这就是试件的 HRC 硬度值。

4. 逆时针转动手轮，换取试样的不同位置进行测试。每个试样取不同位置的三个点进行测试，并取其平均值作为该试样的 HRC 硬度。

5. 测试完毕后逆时针转动手轮，取下试样。实验测试完毕。

至于 HRA、HRB 的实验方法与上述相同，仅仅所用的压头、载荷不同而已。

五、实验报告

1. 按照实验操作步骤进行实验，熟悉落实硬度计的测试原理和操作步骤。

2. 取不同含碳量的样品，每个样品测试三次，并记录样品的硬度值。

六、问题与讨论

1. 洛氏硬度计加载预载荷时，为什么要缓慢转动手柄？
2. 洛氏硬度的测试需要注意哪些问题？

实验五 40Cr 碳钢热处理实验

一、实验目的

1. 掌握碳钢的基本热处理工艺方法。
2. 了解热处理时冷却条件与钢性能的关系。
3. 了解淬火及回火温度对钢性能的影响。

二、实验原理

将合金在固态下加热到预定的温度，并在该温度下保持一段时间，然后以一定的速度冷却下来，以改变合金的组织，从而使合金获得我们所要的性能，这种操作总称热处理（heat treatment）。热处理是一种重要的金属加工工艺方法，也是充分发挥金属材料性能潜力的重要手段之一。热处理可以大大提高金属的强度，经过热处理后，强度能够提高2～3倍，使得许可应力也增加数倍。所以热处理扩大了合金的应用范围，提高了合金制成零件的使用价值，并保证所有零件和结构具有更久的使用期限和更好的安全性。因此，热处理已经成为现在所有制造工业中特别重要的工序。

热处理之所以能使碳钢的性能发生显著变化，主要是由于钢的内部结构在热处理过程中可发生一系列变化。采用不同的热处理工艺，可得到不同的组织结构，从而获得所需要的性能。

钢的热处理基本工艺方法包括淬火、退火、正火和回火等。

1. 淬火

淬火（quenching）的目的是为了在快速冷却下，奥氏体来不及分解为珠光体而转变为具有很高硬度的马氏体，从而提高钢的硬度和耐磨性。

为了正确地进行淬火工艺，必须考虑以下三个重要因素：淬火温度、保温时间和冷却速度。

（1）淬火温度　钢的成分是影响淬火温度的重要因素之一。例如，低碳钢就无法经过淬火获得很高的硬度。淬火温度可以由钢的成分决定：对于亚共析钢，常进行完全淬火，即在 $A_{C,3}$（图5-1中 GS 线，其中下标C表示临界温度）以上20～

30℃，此时可以得到不含铁素体的组织。对于过共析钢，常进行不完全淬火，即在 $A_{C,1}$ 与 $A_{C,3}$ 之间淬火，此时可得到渗碳体和马氏体（Martensite）的组织。在淬火方面也要特别防止过热。当温度过高时，淬火后将得到粗大的马氏体，脆性很大。有时由于相变产生很大的应力，在淬火以后会使试件产生裂缝而报废。

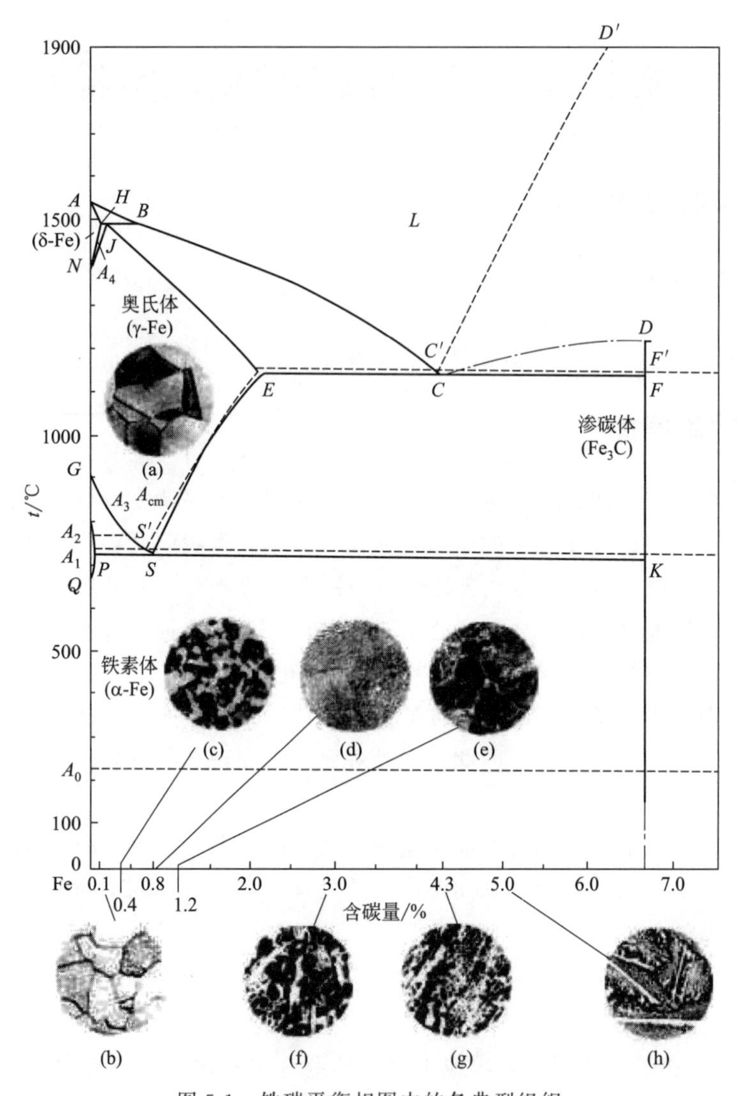

图 5-1　铁碳平衡相图中的各典型组织

（2）保温时间　确定淬火工艺的保温时间一般要遵循以下原则：保证试样内外的温度保持一致；奥氏体获得均匀化；相变反应完成；奥氏体晶粒不得长大；工艺费用要低。在实际工艺操作过程中，试样的加热时间和保温时间往往与钢的成分、试样的尺寸、加热方法等因素有着密切关系。碳钢在箱式电炉中加热时的保温时间通常根据表 5-1 中数据确定。

表 5-1　碳钢在箱式电炉中的保温时间

加热温度/℃	每毫米直径所需保温时间/min		
	圆形试样	方形试样	薄板试样
600	2	3	4
700	1.5	2.2	3
800	1.0	0.5	2
900	0.8	0.2	1.6
1000	0.4	0.6	0.8

(3) 冷却速度　冷却速度是另一个重要的因素，它直接影响到钢淬火以后的组织和性能。

碳钢在加热至 $A_{C,3}$ 温度以上时，所得的组织为奥氏体（γ-Fe）组织，冷却时应使得冷却速度大于临界冷却速度，以防止奥氏体在冷却过程中分解，从而保证获得硬度较大的马氏体组织；同时在此前提下又应尽量缓慢冷却，以减小内应力，防止试样变形和开裂。

奥氏体等温分解曲线如图 5-2 所示。因曲线形状类似于 C 字形，故又称 C 曲线、图中的直线 v_1、v_2 和 v_3 为淬火速度线。可见，有一个临界淬火速度 v_K 存在，只有当淬火速度大于 v_K 时，才能保证获得完全的马氏体。但是也必须注意，淬火速度太快了会产生很大的热应力，这也会使试样产生裂缝而报废。因此，选择适当的淬火剂以获得适当的淬火速度是很重要的问题。对于碳钢，一般情况下用水作为淬火剂，如果要得到更大的速度，则用 NaOH 或 NaCl 溶液；对于合金钢，临界淬火速度小得多，通常用热水或油作淬火剂。

淬火钢的显微组织是特殊针叶状的马氏体和残余奥氏体，奥氏体分布在马氏体针叶间呈白亮的区域。淬火钢的硬度与钢的含碳量有关，如图 5-3 所示。

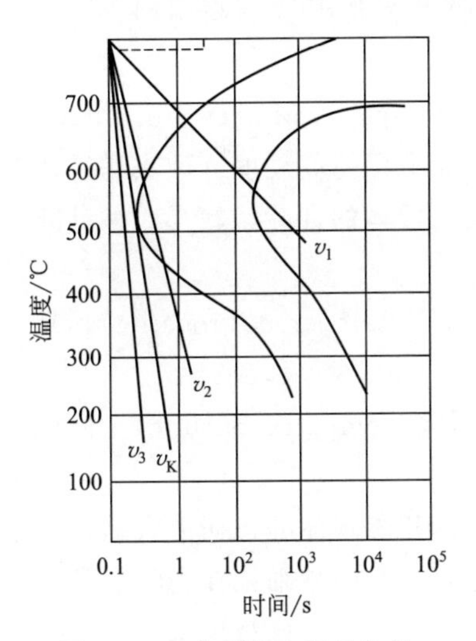

图 5-2　亚共析钢中奥氏体的等温分解曲线

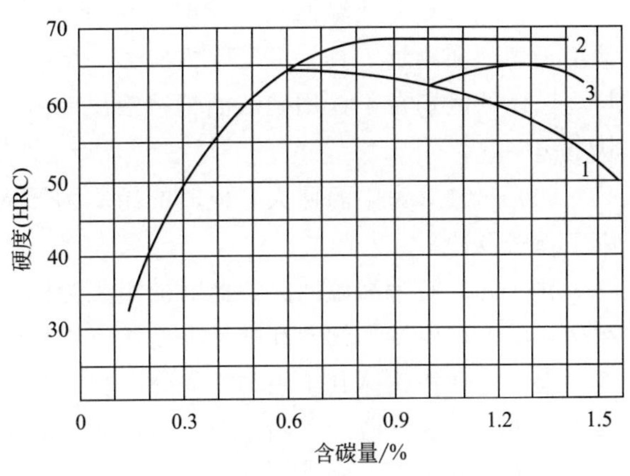

图 5-3　马氏体硬度与钢中含碳量的关系

1—淬火钢：加热温度为 $A_{C,3}+30℃$；2—马氏体；3—加热温度为 $A_{C,1}+30℃$

2. 退火和正火

退火（annealing）是常见的一种热处理操作，其目的是为了使钢铁接近平衡态组织，清除应力，改变加工性能。为了实现这个目的，需要以很慢的速度冷却，通常是随电炉冷却。

对于不同含碳量的钢，退火时的加热温度可以根据图 5-1 的铁碳平衡相图来确定。

对于亚共析钢，常采用完全退火，即在 $A_{C,3}$ 以上 20～30℃退火，此时可以得到细晶粒的亚共析组织。由平衡相图可知，平衡状态退火的亚共析钢其组织中含有铁素体和珠光体，铁素体呈白色发亮的晶粒，珠光体呈黑色，当放大倍数较高时，可以看到珠光体中的层状结构。随着含碳量的增加，铁素体会减少，而珠光体会增加。含碳量达 0.8%时，珠光体含量为 100%。

对于过共析钢，常用不完全退火，即在 $A_{C,1}$ 以上 20～30℃退火，此时可以避免网状渗碳体钢的出现。退火状态的过共析钢，其显微组织是珠光体和渗碳体。

在退火过程中，除了特殊要求之外，要特别注意防止过热。当过热时，退火后将获得较粗的晶粒度，加工性能变坏，有时甚至会出现魏氏体组织，使钢的韧性大为恶化。

至于正火（normalizing），本质上与退火相同，不同之处在于正火不是随炉冷却而是出炉静止在空气中冷却。

3. 回火

回火（tempering）是紧跟着淬火的热处理操作，其目的是为了消除在淬火时产生的内应力，稍微降低硬度，而韧性可以得到大大提高，同时淬火后不甚稳定的组织也可以趋向稳定。回火温度均在 $A_{C,1}$ 以下，根据其操作温度有高温回火、中温回火、低温回火之分。

120～200℃为低温回火，此时得到回火马氏体（tempered Martensite）组织，常用于切削和测量工具，可消除内应力，增强韧性，而又保持高硬度。回火马氏体与马氏体的区别在于：用硝酸酒精溶液浸蚀后，回火马氏体的针叶状较马氏体针叶状更黑一些。

300～400℃为中温回火，此时的组织为回火托氏体（tempered Troostite），常用于弹簧及冲头。

400～600℃为高温回火，此时的组织为回火索氏体（tempered Sorbite），使用在高强度下可保持高韧性和塑性，常用于结构钢。

索氏体和托氏体其组织与珠光体一样，均为铁素体和渗碳体的机械混合物，其差别在于二者的分散度不同。回火温度越低分散度越高，组织越细，在光学显微镜上已经不能分辨其中的铁素体和渗碳体，要在电子显微镜下才能分辨出来。

回火是赋予钢件以最终性能的最后热处理，对于不同含碳量的钢，其硬度均随回火温度的升高而呈直线关系下降，其他的强度指标如 σ_b、σ_e 也和硬度一样。而

塑性指标如 δ、ψ 等，则随着温度的增加而增加。

热处理过程中，为了防止试样表面的氧化和脱碳，可以将试样放置于通有保护气氛的炉内加热，也可采用在试样表面涂敷水玻璃等方法来防止氧化。

三、实验设备和材料

1. 实验设备

箱式加热炉、洛氏硬度计、砂轮机。

2. 实验材料

40Cr 碳钢试样、保温手套、试样夹。

四、实验内容和步骤

本实验以 40Cr 碳钢为原材料，分别对其进行淬火、正火、退火和回火热处理，并测试其洛氏硬度。

1. 将试样在砂轮机上磨除表面可能存在的倒刺，并在水砂纸上预磨几秒钟，以获得相对平整的表面，然后将所有试样进行标号。

2. 根据热处理工艺和条件不同，将试样分为四个小组进行实验，并在加热前将全部试样测定洛氏硬度，每个试样测试三次。

3. 将所有试样放入已达到预设温度的箱式电阻炉内，保温一定时间。

4. 达到保温时间后，将正火试样从炉内取出，迅速倒在地上；将淬火和回火样品迅速倒入水中，并沿同一方向搅拌；需要退火处理试样留在炉内，并关闭电源和炉门，随炉冷却至室温。

5. 待试样完全冷却后，在预磨机上粗磨几秒钟，分别进行硬度测试。

6. 将需要回火处理的试样放入指定温度的加热炉内保温 30min，然后取出冷却至室温，并对其进行硬度测试。

五、实验报告

1. 对 40Cr 碳钢进行淬火、正火、回火热处理，掌握热处理温度的选择原理。

2. 对不同热处理后的试样进行洛氏硬度测试，并将测试结果记录于表 5-2 内。

表 5-2 40Cr 碳钢热处理硬度测量记录

热处理方式	加热温度/℃	保温时间/min	洛氏硬度(HRC)			
			1	2	3	平均值
淬火						
正火						
回火						

六、问题与讨论

1. 热处理加热到一定温度后，为什么必须保温一定时间？是否仅仅为了烧透？

2. 用砂轮机打磨样时，为什么要避免发热？

3. 进行淬火处理时，为什么要不断搅拌置于水中冷却的试样？

实验六　40Cr 碳钢热处理后金相显微分析实验

一、实验目的

1. 观察并掌握碳钢经热处理后显微组织的特点。

2. 了解热处理工艺对钢组织和性能的影响。

二、实验原理

铁碳合金经缓冷后的显微组织基本上与铁碳相图的平衡组织相符合，但碳钢在快速冷却情况下的显微组织却与平衡组织存在很大的差别，因此不能用铁碳平衡相图进行分析。按照不同的冷却速度和条件，奥氏体将在不同的温度范围内发生不同类型的转变，从而得到的组织形态也会各不相同。对碳钢在不同热处理工艺后所得的金相组织进行观察，可以更加深刻地了解碳钢的热处理工艺与其性能之间的关系。

图 6-1　40Cr 碳钢经 4%硝酸酒精浸蚀后的淬火马氏体组织（400×）

1. 钢的淬火组织

将 40Cr 碳钢加热至 850℃后进行快速水冷淬火，得到的组织为马氏体和铁素体组织，马氏体在淬火组织中呈暗色针状，如图 6-1 所示。

2. 钢的退火和正火组织

属于亚共析成分的碳钢（如 40 钢、45 钢）经退火后可得到接近平衡状态的组织，组织组成相为铁素体和珠光体。40Cr 碳钢经正火后的组织通常要比退火组织细，珠光体的含量也比退火组织中的含量高，其原因就在于正火的冷却速度大于退火的冷却速度（如图 6-2 所示）。

3. 钢的回火组织

钢经淬火后所得到的马氏体和参与奥氏体均为不稳定组织，它们都有着向稳定的铁素体和渗碳体组织转变的倾向。淬火钢经中温回火（350～400℃）后，将得到铁素体和渗碳体的混合组织，且渗碳体颗粒非常细小，弥散分布在铁素体基体中，这种结构称为回火屈氏体。回火屈氏体中的铁素体仍然保持针状马氏体的形态，而渗碳体则呈细小的颗粒状，在金相显微镜下只能看到一片暗黑色，如图 6-3 所示。

图 6-2　40Cr 碳钢经 4%硝酸酒精浸蚀后的正火组织（500×）

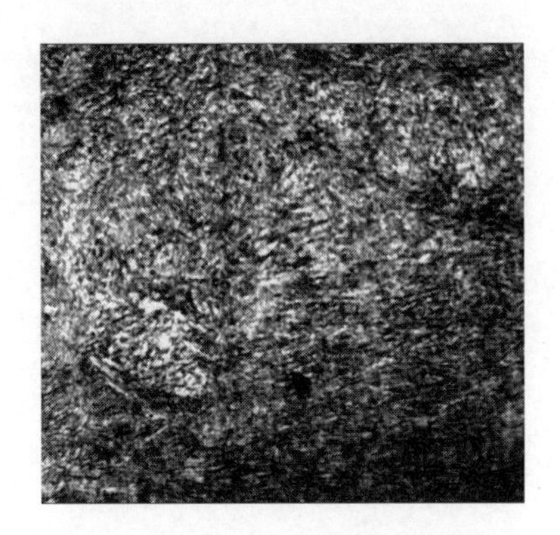

图 6-3　40Cr 碳钢经 4%硝酸酒精浸蚀后的回火组织（500×）

三、实验设备和材料

1. 实验设备

预磨机、抛光机、金相显微镜。

2. 实验材料

40Cr 碳钢热处理后样品、金相砂纸、抛光布、抛光膏、浸蚀剂、金相图谱。

四、实验内容和步骤

1. 按照金相样品制备的标准步骤对热处理后的 40Cr 碳钢样品进行预磨、抛光、浸蚀等处理，使样品符合金相观察的要求。

2. 利用金相显微镜对处理后的样品进行金相观察。

3. 画出所观察到的组织，并标明组织名称、所用浸蚀剂及放大倍数。

五、实验报告

1. 按照实验操作步骤进行实验，说明金相组织随热处理工艺的变化。

2. 画出不同热处理后试样的金相组织，并标明组织组成物名称、所用浸蚀剂名称及观察所用放大倍数。

六、问题与讨论

1. 掌握40Cr碳钢淬火组织的特点，并说明热处理过程中试样显微组织的变化。

2. 淬火温度对样品的显微组织结构有何影响？

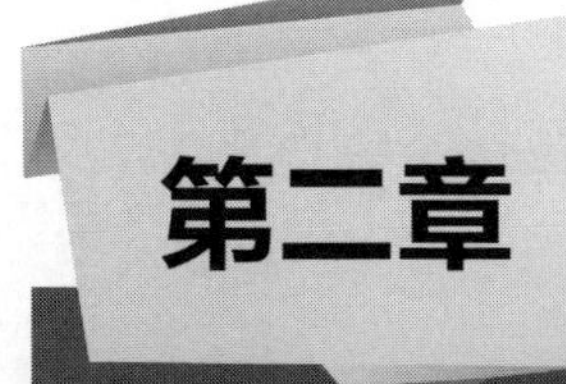

第二章 普通硅酸盐水泥材料综合实验

普通硅酸盐水泥是由硅酸盐水泥熟料、5%～20%活性混合材料及适量石膏磨细后制成的水硬性胶凝材料。水泥与砂、石等材料构成的混合物是一种低能耗新型建筑材料。水泥具有良好的可塑性，与砂、石等胶合后具有很好的和易性及适应性，可浇注成多种形状及尺寸的构件，同时具有适应性较强、耐腐蚀等特点。目前，水泥工业在整个国民经济中仍然起着十分重要的作用，甚至在未来相当长的时期内，水泥仍将是人类社会的主要建筑材料。随着经济的逐步发展，水泥产业在国民经济中的作用也将越来越大。

水泥材料综合实验是针对无机非金属方向本科学生的最基本实验，其内容主要包括以下几个实验：

实验七　水泥净浆标准稠度用水量实验；

实验八　水泥凝结时间测定实验；

实验九　水泥安定性测定实验；

实验十　水泥胶砂流动度实验；

实验十一　水泥胶砂强度测定实验；

实验十二　膨胀水泥膨胀性测定实验；

实验十三　水泥熟料中游离氧化钙含量测定实验。

实验七　水泥净浆标准稠度用水量实验

一、实验目的

1. 了解水泥净浆标准稠度用水量的测定原理和方法。
2. 掌握水泥净浆标准稠度与凝结时间测定仪的使用。

二、实验原理

水泥净浆标准稠度是指水泥净浆的稀稠程度，一般用水泥达到标准稠度净浆时用水量与水泥质量（500g）的比值来表示。水泥加水拌和后可形成塑性胶体。该胶体在物理、化学作用下，可胶结其他物料，由浆体变为具有一定力学性能的复合固体。水泥在拌和时的用水量对浆体的凝结时间及硬化后的体积变化的稳定性具有重要的影响。

水泥净浆标准稠度是为了使水泥凝结时间、体积安定性等参数的测量具有准确的可比性而规定的，是为了使不同的样品在相同的测试方法下达到统一规定的稠度。达到这种稠度时的用水量称为标准稠度用水量。测定水泥的标准稠度用水量、凝结时间、体积安定性对工程施工及施工质量等方面都有着重要的作用。

水泥标准稠度的净浆对测试用标准试杆的沉入具有一定的阻力作用。通过测试不同含水量水泥净浆的穿透性，可确定水泥标准稠度净浆中所需加入的水量。水泥标准稠度用水量的测定有调整水量法和固定水量法两种方法。

三、实验设备和材料

1. 实验设备

水泥净浆搅拌机、水泥标准稠度与凝结时间测定仪（标准法维卡仪）、水泥净浆试模、分析天平。

（1）水泥净浆搅拌机　如图 7-1(a) 所示。主要技术指标如下。搅拌机容量为 5L；搅拌叶公转速度：慢速 (62±5)r/min，快速 (125±10)r/min；搅拌叶自转速度：慢速 (140±5)r/min，快速 (258±10)r/min；电机功率：慢速 170W，快速 370W。

（2）水泥标准稠度与凝结时间测定仪　如图 7-1(b) 所示。主要技术指标为：标准稠度测试用试杆有效长度 (50±1)mm，由直径为 ϕ(10±0.05)mm 的圆柱形耐腐蚀金属制成；试针为 ϕ(1.13±0.05)mm 的圆柱体，初凝针长度为 (50±1)mm，终凝针长度为 (30±1)mm；滑动部分总质量为 (300±1)g，滑动杆表面光滑，能靠重力自由下落。

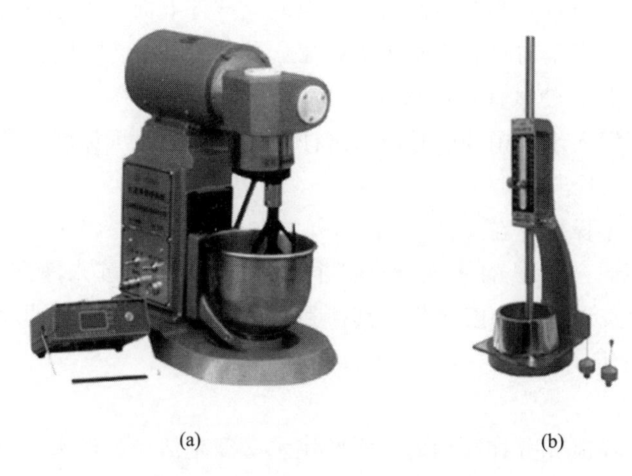

(a)　　(b)

图 7-1　水泥净浆搅拌机（a）和标准法维卡仪（b）

（3）水泥净浆试模　主要技术指标为：盛放水泥净浆的试模由耐腐蚀的、具有足够硬度的金属制成；试模形状为截顶圆锥体，深度（40±0.2)mm，顶内径 ϕ(65±0.5)mm，底内径 ϕ(75±0.5)mm；每只试模配备一个尺寸大于试模、厚度大于 2.5mm 的平板玻璃作为试模底板。

2. 实验材料

水泥、水、玻璃板。

四、实验内容和步骤

1. 水泥净浆的拌制

（1）首先检查搅拌机运转是否正常，检查维卡仪金属棒能否自由滑动，然后调整维卡仪，使其试杆接触玻璃板时其指针对准维卡仪零点。将试模放置于仪器底座固定位置上，试锥尖对准试模的中心位置。

（2）将水泥净浆搅拌机的搅拌锅和搅拌叶片用湿布擦拭干净，用天平称取 500g 水泥。按预设用水量将水倒入搅拌锅内，然后在 5～10s 的时间内将称好的水泥加入水中，防止水泥和水溅出。

（3）将搅拌锅放置在搅拌机的锅座上，将搅拌锅升至搅拌位置，启动搅拌机，低速搅拌 120s。

（4）停机 15s 后，将叶片和搅拌锅壁上的水泥浆刮入搅拌锅中间，高速搅拌 120s，然后停机。

（5）搅拌完毕后，及时清理搅拌机叶片和搅拌锅。

2. 标准稠度用水量的测定

（1）水泥拌和完毕后，立即将拌和好的水泥净浆装入试模内，用小刀插捣振动数次，刮去多余的净浆。刮平表面后，迅速放至试杆下面的固定位置上。

（2）降低试杆直至与水泥净浆表面接触，指针对准标尺零点。拧紧螺丝，1～2s后突然放松试杆，使试杆自由落体垂直沉入水泥净浆中。

（3）在试杆沉入水泥中30s时记录试杆在净浆中的下沉深度，升起试杆，并将其擦拭干净。

（4）上述整个操作应在搅拌后1.5min之内全部完成。

（5）配置不同含水量的水泥净浆进行测试，以试杆沉入净浆并距试模底板(6±1)mm的净浆为标准稠度净浆。其拌和水量为该水泥的标准稠度用水量，按水泥质量的百分比计。

3. 注意事项

（1）水泥试样应充分拌和均匀，实验用水必须是洁净的淡水，或者用蒸馏水。

（2）实验前必须检查仪器金属棒能否自由滑动，试锥降至试模顶面位置时，指针是否能对准标尺的零点，检查搅拌机运转是否正常。

（3）从水泥净浆搅拌机上取下拌和好的水泥物料时，应用小刀将附着在搅拌锅壁上的净浆刮下，并拌和数次后再装模。装模时用小刀从模中心线开始分两下刮去多余的净浆，然后一次抹平，迅速放至试锥下的固定位置上进行测定。

（4）测定时，仪器金属棒上所装的试锥应与棒同心，表面光滑，锥尖完整无损，锥模角应成尖状，无水泥浆或杂物充塞。

（5）所用的仪器、工具等用完后一定要清洗擦拭干净，以备下次使用。

五、实验报告

配置不同含水量的水泥净浆，将测试结果填入表7-1内。

表7-1　水泥标准稠度用水量测定记录

实验日期：

序号	水泥质量/g	用水量/mL	试杆下沉深度/mm	标准稠度/%
1				
2				
3				
平均				

六、问题与讨论

1. 查阅相关文献，说明水泥标准稠度用水量还有哪些测试方法。
2. 在测试过程中，有哪些需要注意的问题？

实验八　水泥凝结时间测定实验

一、实验目的

1. 掌握水泥净浆的初凝和终凝时间的测定原理和方法。
2. 掌握不同用水量对水泥净浆初凝和终凝时间的影响。

二、实验原理

水泥和水以后，发生一系列物理与化学变化，随着水泥水化反应的进行，水泥浆体逐渐失去流动性、可塑性，进而凝固成具有一定强度的硬化体，这一过程称为水泥的凝结。水泥凝结时间，在工程应用上需要测定其标准稠度净浆的初凝时间和终凝时间。初凝时间是指自水泥加水起至水泥浆开始失去塑性、流动性减小所需的时间；自水泥加水起至水泥浆完全失去塑性、开始有一定结构强度所需的时间，则称为终凝时间。

国家标准规定：硅酸盐水泥、普通硅酸盐水泥、矿渣硅酸盐水泥、粉煤灰硅酸盐水泥、火山灰质硅酸盐水泥、复合硅酸盐水泥等六类硅酸盐水泥初凝时间不得少于 45min，一般为 1～3h；终凝时间除硅酸盐水泥不迟于 6.5h 外，其余水泥终凝时间不得迟于 10h，一般为 5～8h。凡初凝时间不符合规定者为废品，终凝时间不符合规定者为不合格品。

三、实验设备和材料

1. 实验设备

水泥净浆搅拌机、水泥标准稠度与凝结时间测定仪（标准法维卡仪）、水泥净浆试模、分析天平、水泥标准养护箱。

净浆搅拌机、标准法维卡仪、水泥净浆试模的仪器参数指标与实验七相同。

（1）水泥标准养护箱性能指标　水泥养护箱是用于水泥试块的标准养护设备，采用全不锈钢制作。养护箱内部装置有超声波喷雾加湿、压缩机制冷、温度和湿度实时数显装置等，并可安装微型打印机。

（2）内部温度控制仪精度　±0.1℃。

（3）箱内温差　≤±1℃。

（4）湿度控制　≥95％。

（5）内部尺寸　580mm×550mm×1130mm；一次可放置水泥试块 40 个。

（6）工作电压　(220±22)V。

（7）加热功率　600W。

（8）制冷功率 158W。

2. 实验材料

水泥、水、玻璃板。

四、实验内容和步骤

1. 测试前准备工作

（1）调整凝结时间试针接触到玻璃板时，其指针对准零点。

（2）以实验七测得的标准稠度用水量制备水泥净浆，将标准稠度净浆装满试模，振动数次刮平后立即放入水泥养护箱内。记录水泥全部加入水中的时间作为凝结时间的起始时间。

2. 初凝时间的测定

（1）水泥试块在水泥养护箱中养护至加水后30min时开始进行第一次测定。

（2）测定时，从养护箱中取出试模放至维卡仪试针下，降低试针与水泥净浆表面接触。

（3）拧紧螺丝1～2s后突然放松，使试针垂直自由落体沉入水泥净浆中。

（4）观察试针停止下沉时或试针释放30s时指针的读数。当试针沉入至底板(4±1)mm时，为水泥达到初凝状态。由水泥全部加入水中至达到初凝状态时的时间为水泥的初凝时间，以min为单位。

3. 终凝时间的测定

（1）在完成水泥初凝时间的测定后，将维卡仪初凝针换成终凝针，为了准确观察试针沉入水泥试块的状况，在终凝针上安装一个环形附件。同时立即将试模连同浆体以平移的方式从玻璃板上取下，翻转180°，使试模直径大端向上，小端向下放置在玻璃板上，然后放入水泥养护箱中养护。

（2）临近终凝时间时，每隔15min进行一次测试。当试针沉入试样0.5mm时，即环形附件开始不能在试块表面留下痕迹时，水泥达到终凝状态。由水泥全部加入水中至达到终凝状态的时间为水泥的终凝时间，以min为单位。

4. 注意事项

（1）在最初测定的操作时应轻轻扶持住金属柱，使其徐徐下落，以防止试针撞弯。但测试时要以自由下落为准。

（2）在整个测试过程中，试针沉入的位置至少要距离试模内壁10mm。

（3）临近初凝时，要每隔5min测试一次，临近终凝时每隔15min测试一次。到达初凝或终凝时，应立刻重复测试一次，当两次测试结论相同时才能确定为初凝或终凝时间。

（4）每次测试不能让试针落入原针孔。

（5）每次测试完毕须将试针擦拭干净并将试模放回养护箱内，整个测试过程要防止试模受振。

五、实验报告

按照操作步骤进行实验，并将实验结果填写于表 8-1 内。

表 8-1　水泥凝结时间实验记录

实验日期：

试样标号：					水泥品种及等级：		
实验次数	开始加水拌和时间 (h:min)	初凝			终凝		
		试针沉入距底板的高度 /mm	出现初凝现象的时间 (h:min)	初凝时间 /min	试针沉入深度 /mm	出现终凝现象的时间 (h:min)	终凝时间 /min
1							
2							
结论							

六、问题与讨论

1. 为什么要规定水泥的凝结时间？
2. 影响水泥凝结时间的因素主要有哪些？

实验九　水泥安定性测定实验

一、实验目的

1. 掌握水泥安定性的测试原理和方法。
2. 了解影响水泥体积安定性的因素。

二、实验原理

水泥体积安定性是指水泥在凝结硬化过程中体积变化的均匀性。如果水泥在硬化过程中产生不均匀的体积变化，即为体积安定性不良。安定性不良会使水泥制备或混凝土构件产生膨胀性裂缝，降低建筑物质量，甚至引起事故。

水泥安定性不良一般是由于熟料中所含的游离氧化钙、氧化镁或掺入过量的石膏所引起的。水泥熟料中的 MgO 经高温死烧后，大多数形成结构致密的方镁石。方镁石在水泥硬化后会慢慢水化，形成 $Mg(OH)_2$。此过程中固相体积会增大约 2 倍，从而使已经硬化的水泥内部产生很大的破坏应力，造成水泥或混凝土体积安定性不良。

由于熟料中方镁石比游离氧化钙更难以水化，只有采用高温高压的条件才能加速熟料中方镁石的水化。为了控制水泥质量和保证混凝土工程的体积安定性，对含有 MgO 较高的水泥必须检测水泥熟料中 MgO 对水泥体积安定性的影响。

水泥安定性的测定一般可采用雷氏夹法和柿饼法。本实验将采用雷氏夹法对水泥的安定性进行测定。

三、实验设备和材料

1. 实验设备

水泥净浆搅拌机、沸煮箱、雷氏夹、雷氏夹膨胀测定仪、分析天平、量筒、水泥标准养护箱。

(1) 水泥沸煮箱性能指标　有效容积为 410mm×240mm×310mm，箱内设箅板和加热器，能在 (30±5)min 内将水箱内的水加热至沸腾，并可保持沸腾 3h 而无需加水。其结构如图 9-1(a) 所示。

(2) 雷氏夹由铜质材料制成，当指针悬挂 300g 砝码时，雷氏夹两指针的间距增加值为 (17.5±2.5)mm；当取出砝码后指针应回到初始位置。其结构如图 9-1 (b) 所示。

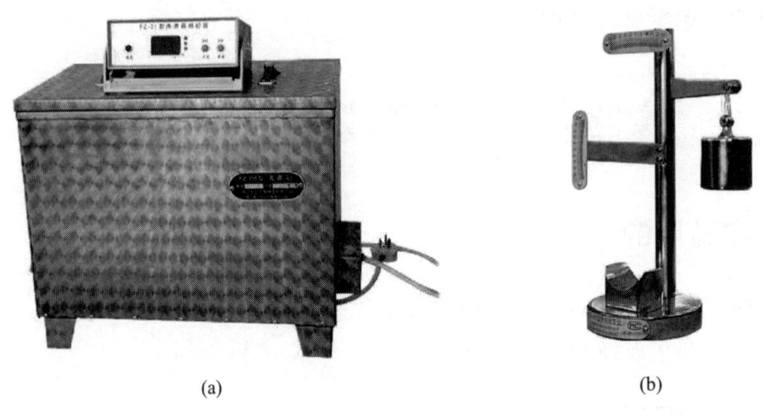

(a)　(b)

图 9-1　水泥安定性测试用沸煮箱 (a) 和雷氏夹 (b)

2. 实验材料

水泥、水、玻璃板、小刀。

四、实验内容和步骤

1. 测试前准备工作

(1) 称取 500g 水泥，以标准稠度用水量制作水泥净浆，每个试样需成型 2 个试件。

（2）每个雷氏夹配备质量为75～80g玻璃板2块。凡与水泥净浆接触的玻璃板或雷氏夹表面均涂上一层油。

（3）调整好沸煮箱的水位，使其能够在整个沸煮过程中都超过试件，同时又能保证在（30±5)min内加热至沸腾。

2．安定性测试

（1）将预先准备好的雷氏夹放在已擦油的玻璃板上，并立即将制好的标准稠度净浆一次性装满雷氏夹。装模时，一手扶稳雷氏夹，一手用宽约10mm的小刀插捣15次左右然后抹平。

（2）盖上经涂油后的玻璃板，然后立即将试件移至湿气养护箱内养护（24±2)h。

（3）试件养护结束后，脱去玻璃板取下试件，测量雷氏夹指针尖端间的距离A，精确至0.5mm；随后将试件放到水中箅板上，使指针向上，然后在（30±5)min内加热至沸腾并恒沸（180±5)min。

（4）沸煮结束后，立即放掉沸煮箱内的热水，打开箱盖，待箱体冷却至室温后取出试件进行判别。

（5）测量试件指针尖端间的距离C，精确至0.5mm。当两个试件经沸煮后增加的距离（$C-A$）的平均值不大于5.0mm时，即认为该水泥安定性合格。当两个试件的$C-A$值相差超过4.0mm时，应用同一样品立即重做一次实验。若出现同样的结果，则认为该水泥安定性不合格。

五、实验报告

按照操作步骤进行实验，并将实验结果填写于表9-1内。

表9-1　水泥安定性实验记录

实验日期：

<table>
<tr><td colspan="3">试样标号：</td><td colspan="2">水泥品种及等级：</td></tr>
<tr><td rowspan="2">实验次数</td><td rowspan="2">实验前
雷氏夹针尖间距
A/mm</td><td rowspan="2">实验后
雷氏夹针尖间距
C/mm</td><td colspan="2">增加距离
(C−A)/mm</td></tr>
<tr><td>单值</td><td>平均值</td></tr>
<tr><td>1</td><td></td><td></td><td></td><td rowspan="2"></td></tr>
<tr><td>2</td><td></td><td></td><td></td></tr>
<tr><td colspan="2">结论</td><td colspan="3"></td></tr>
</table>

六、问题与讨论

1．测定水泥的体积安定性，为什么需要沸煮？

2．影响水泥安定性的因素有哪些？

实验十 水泥胶砂流动度实验

一、实验目的

1. 掌握水泥胶砂流动度的测试原理和方法。
2. 对不同用水量的胶砂进行流动度测试。

二、实验原理

水泥胶砂流动度是检验水泥需水量的一种方法，也是水泥胶砂可塑性的反映。不同的水泥配制的胶砂要达到相同的流动度，调拌的胶砂所需的用水量也会不同。当用胶砂达到规定的流动度所需的水量来控制胶砂的用水量时，才能使所测试的胶砂物理性能具有可比性。

水泥胶砂流动度以胶砂流动度测试仪进行测试，简称跳桌。流动度以胶砂在跳桌上按规定进行跳动实验后，以底部扩散直径的距离（mm）来表示。扩散直径越大，表示胶砂的流动度越好。胶砂达到规定流动度所需的水量较大时，则认为该水泥需水量较大。

三、实验设备和材料

1. 实验设备

水泥胶砂流动度测定实验所需设备为水泥胶砂搅拌机、水泥胶砂流动度测定仪、水泥胶砂试模、捣棒、卡尺和小刀。

（1）水泥胶砂搅拌机　水泥胶砂搅拌机是水泥厂、建筑施工单位、有关专业院校及科研单位水泥实验室必备设备之一，适用于水泥胶砂试件制备时的搅拌，并可用于美国标准、日本标准进行水泥试验和净浆胶砂的搅拌。主要由双速电机、加砂箱、传动箱、主轴、偏心座、搅拌叶、搅拌锅、底座、立柱、支座、外罩、程控器等构件组成。其设备如图 10-1(a) 所示。

设备性能指标如下。搅拌叶宽度 135mm；搅拌锅容量 5L；壁厚 1.5mm；净重 70kg；搅拌叶与搅拌锅之间的工作间隙为（3±1)mm；搅拌叶公转速度为：快速 (285±10)r/min，慢速（125±10)r/min；搅拌叶自转速度为：快速（140±5)r/min；慢速（62±5)r/min。

（2）水泥胶砂流动度测定仪　该设备适用于火山灰质硅酸盐水泥、复合硅酸盐水泥和掺有火山灰质混合材料的普通硅酸盐水泥、矿渣硅酸盐水泥等的流动度测定实验。其设备如图 10-1(b) 所示。

设备性能指标：圆盘桌面直径为 ϕ(300±1) mm；振动频率为 1Hz；振动次数

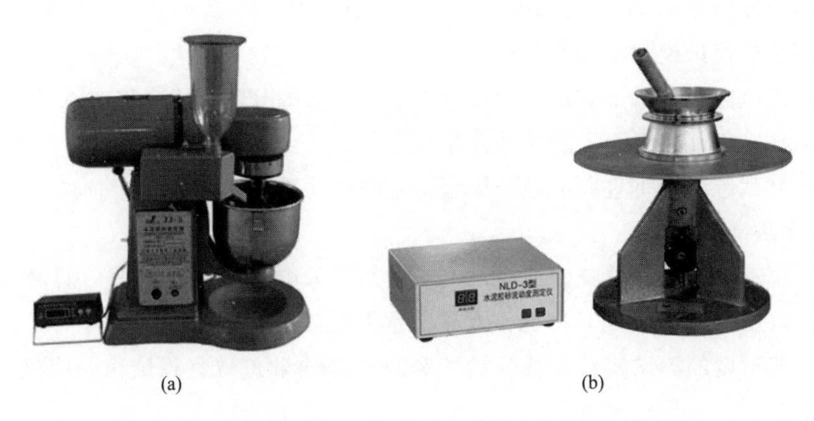

图 10-1　水泥胶砂搅拌机（a）和胶砂流动度测定仪（b）

为 25 次；振动部分落差为（10±0.2)mm。

（3）水泥胶砂试模　试模由金属材料制成，由截锥圆模和模套组成，配合使用。截锥圆模内壁光滑，高度为（60±0.5)mm，上口直径为（70±0.5)mm，下口直径为（100±0.5)mm；下口外径为 120mm。

（4）捣棒　捣棒由金属材料制成，直径为（20±0.5)mm，长度约 200mm。捣棒底面与侧面成直角，其下部光滑，上部为滚花手柄。

（5）卡尺　卡尺量程为 200mm，分度值不小于 0.5mm。

（6）小刀　小刀要求刀口平直，长度大于 80mm。

2. 实验材料

水泥（450g)、标准砂（1350g)、水。

四、实验内容和步骤

1. 胶砂拌和

（1）跳桌和胶砂搅拌机在实验前先进行空转，以检查各部位是否工作正常。

（2）称取水泥 450g，标准砂 1350g，按预定的水灰比称取水量。

（3）将水泥和砂装入搅拌锅内，装到胶砂搅拌机的固定架上，并上升至工作状态。

（4）开动搅拌机，缓缓加入拌和用水，搅拌 180s 后，停机，取下搅拌锅。在制备胶砂的同时，用湿布擦拭跳桌台面、试模内壁、捣棒以及与胶砂接触的用具。

2. 流动度测定

（1）将拌和好的胶砂分两层迅速装入流动试模内，第一层装至截锥圆试模高度约三分之二处，用小刀在相互垂直的两个方向各划 5 次，用捣棒由边缘至中心均匀捣压 15 次。随后，装入第二层胶砂，装至高出截锥试模约 20mm。用小刀在相互垂直的两个方向划 10 次，再用捣棒由边缘至中心均匀捣压 10 次。装胶砂和进行捣压时要用手扶稳试模，不要使其移动。

(2) 捣压完毕，取下试模，用小刀由中间向边缘分两次将高出截锥试模的胶砂刮去并抹平，将落在桌面上的胶砂擦净。

(3) 将截锥圆模垂直向上轻轻提起。立即开动跳桌，约每秒钟一次，在 30s 内完成 30 次跳动。

(4) 跳动完毕，测量胶砂地面最大扩散直径及与其垂直的直径，计算平均值，取整数，以单位 mm 表示，即为该水量的水泥胶砂流动度。

(5) 流动度的测试实验，从开始拌和胶砂到测量扩散直径结束，应该在 5min 之内完成。

3. 注意事项

(1) 胶砂在拌和结束后应立即进行流动度测定，装模、捣压等制作工艺应在 2min 之内完成，否则流动度会随时间延长而减小。

(2) 在流动度测试的全过程中，试模套和滚轮表面要抹上优质机油，以保持其光洁度。

(3) 捣压时用力要均匀，力度大小要适当，捣棒应垂直。

(4) 跳桌要保持清洁，滑动部分阻力要小。跳桌要固定在实心工作台上，安放要水平。工作台与跳桌底座之间不能垫橡胶等减震材料。

五、实验报告

按照实验操作步骤进行实验，并将实验结果记录于表 10-1 内。

表 10-1 胶砂流动度测定实验记录

试样编号	水泥质量/g	拌和水量/mL	扩散路径/mm		平均扩散直径/mm	水灰比($w:c$)
1						
2						
3						

六、问题与讨论

1. 测定水泥浆胶砂流动度时，装模、捣压等制样流程为什么必须在规定时间内完成?

2. 水灰比会对胶砂的流动度产生什么影响?

实验十一　水泥胶砂强度测定实验

一、实验目的

1. 掌握水泥胶砂强度的测试原理和方法。
2. 测定水泥材料的强度，确定水泥的强度等级。

二、实验原理

水泥胶砂是指用水泥、水和国家规定的标准砂按特定配合比所拌制的水泥砂浆，用于标准试验方法中测定水泥强度、确定水泥标号。水泥在拌水混合后随着水化反应的不断进行，水泥浆体将逐渐失去可塑性和流动性，并与集料黏结形成具有一定强度的固体。水泥胶砂强度是表示水泥力学性能的一种量度，即按照水泥强度检验标准规定所配制的水泥胶砂试件，经一定龄期的标准条件养护后所测得的强度。胶砂强度能够在一定程度上反映出水泥对集料的黏结能力。

水泥胶砂强度等级按规定龄期的抗压强度和抗折强度来划分，各强度等级水泥的各龄期强度不得低于表 11-1 中的数值。

表 11-1　水泥胶砂的理论强度等级

品　种	强度等级/MPa	抗压强度/MPa		抗折强度/MPa	
		3d	28d	3d	28d
硅酸盐水泥	42.5	17.0	42.5	3.5	6.5
	42.5R	22.0	42.5	4.0	6.5
	52.5	23.0	52.5	4.0	7.0
	52.5R	27.0	52.5	5.0	7.0
	62.5	28.0	62.5	5.0	8.0
	62.5R	32.0	62.5	5.5	8.0
普通硅酸盐水泥	32.5	11.0	32.5	2.5	5.5
	32.5R	16.0	32.5	3.5	5.5
	42.5	16.0	42.5	3.5	6.5
	42.5R	21.0	42.5	3.5	6.5
	52.5	22.0	52.5	4.0	7.0
	52.5R	26.0	52.5	5.0	7.0

三、实验设备和材料

1. 实验设备

水泥胶砂搅拌机、水泥胶砂振实台、水泥标准养护箱、水泥胶砂抗压抗折实验机以及制作胶砂所需试模。

(1) 水泥胶砂振实台　水泥胶砂振实台是一种用于制备水泥胶砂强度测试试样的制备装置，主要由振动部件、机架部件和开关程控系统组成。工作时由同步电动机带动凸轮转动，使振动部件上升，升至定值后落下而产生振动，从而使水泥胶砂在振动作用下压实。其设备如图 11-1(a) 所示。

设备性能指标为：电动机转速 60r/min；振动频率 60Hz；落距 (15±0.3)mm。

(2) 水泥胶砂抗压抗折实验机　水泥胶砂抗压抗折实验机是一种测定水泥胶砂的抗压抗折强度的实验设备，其设备如图 11-1(b) 所示。

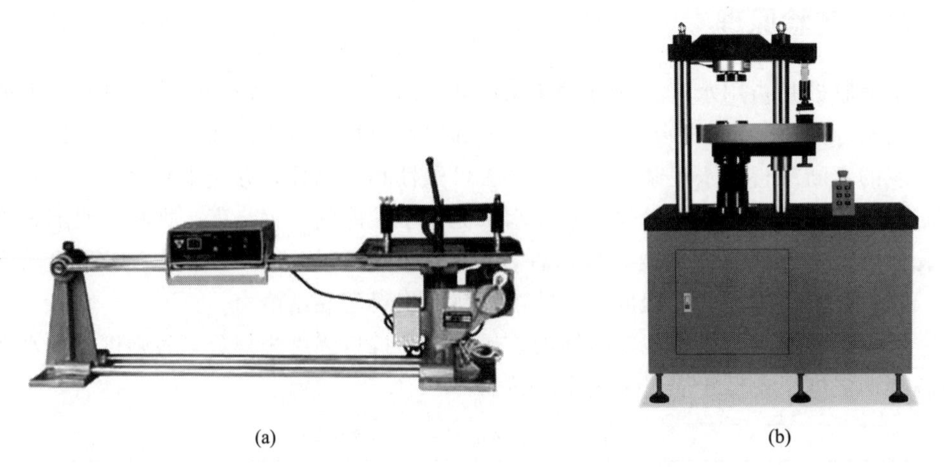

(a)　　(b)

图 11-1　水泥胶砂振实台 (a) 及水泥胶砂抗压抗折实验机 (b)

2. 实验材料

水泥、标准砂、水、试模 (40mm×40mm×160mm)。

四、实验内容和步骤

1. 胶砂拌和及成型

(1) 称取水泥 450g，标准砂 1350g，水 225mL；实验采用水灰比 0.50，灰砂比 1∶3。

(2) 将试模擦净并在模具的四周及与底座的接触面上涂抹黄油，使其紧密装配，内壁涂上一小层机油，然后将试模和模套固定在振实台上。

(3) 使搅拌机处于待工作状态，先将水加入锅内，再加入水泥；将锅上升至固定位置后开动胶砂搅拌机。先低速搅拌 30s，在第二个 30s 开始的同时均匀地按照先粗后细的顺序加入标准砂，再高速搅拌 30s；停止搅拌 90s，在第一个 15s 内用刮具将叶片和锅壁上的胶砂刮入锅中间，然后继续高速搅拌 60s；各个搅拌阶段的时间误差要控制在 1s 以内。

(4) 用适当工具将胶砂从搅拌锅内分层装入固定在振实台上的试模内。装第一层时，每个槽内装入约300g胶砂，用大播料器将料层播平，然后振实60次；再装入第二层胶砂，用小播料器播平，再振实60次。

（5）移走模套，将试模从振实台上取下；用金属直尺以近似90°的角度架在试模模顶的一端，沿长度方向以横向锯割动作慢慢向另一端移动，将超过试模部分的胶砂刮去，并用同一直尺将试件表面抹平；在试模或试件上做标记标明试件编号。

2. 试件养护

（1）将成型好的试件连同试模放入标准养护箱内，在温度为（20±1）℃、相对湿度不低于90%的条件下养护20～24h。

（2）将试件从养护箱内取出，然后脱模；脱模前应在每只试模内的三条试件上编上成型及预定测试日期，且要编在两个不同龄期内。

（3）试件脱模后立即水平或垂直放入水槽内养护，养护温度为（20±1）℃，水平放置时刮平面应保持向上；试件之间要留有空隙，水面至少高出试件5mm，且要随时加水以保持水位恒定，但不允许在养护期内全部换水。

3. 水泥抗折强度测试

（1）各龄期的时间，必须在规定时间内进行强度测试，且要于测试前15min同时从水中取出三条试件；规定时间根据各龄期不同，一般指24h±15min、48h±30min、72h±45min、7d±2h、28d±8h。

（2）测试前擦去试件表面的水分和砂粒，清除测试夹具上圆柱表面可能附着的杂物，然后将试件安放到抗折夹具内，使试件侧面与圆柱接触。

（3）调整抗折实验机的零点，开动电机以（50±10）N/s的速度施加载荷，直至试件折断，记录抗折破坏荷载 F_f（N）；并根据公式(6-1）计算出试件的抗折强度 R_f：

$$R_f=\frac{3F_fL}{2b^3} \tag{11-1}$$

式中，L 表示支撑圆柱体之间的距离，mm；b 表示水泥试件的截面尺寸，mm。

（4）抗折强度结果取三块试件测试结果的平均值；当三块试件中有一块超过平均值的±10%时，应将此结果剔除，取其余两块的平均值作为抗折强度的实验结果。

4. 水泥抗压强度测试

（1）抗折试验后的六个断块试件应保持潮湿状态，并立即进行抗压实验。抗压实验须用抗压夹具进行。测试前清除试件受压面与加压板间的砂粒等杂物，以试件的侧面作为受压面，并将夹具置于实验机承压板中央。

（2）开动实验机，以（2.4±0.2）kN/s的速度加载载荷，直至试件破坏，记录抗压破坏最大载荷 F_c(N)；并根据公式(6-2）计算试件的抗压强度 R_c：

$$R_c=\frac{F_c}{A} \tag{11-2}$$

式中，A 为试件的受压面积，mm^2。

(3) 抗压强度结果取六个试件测试结果的平均值；当六块试件中有一块超过平均值的±10%时，应将此结果剔除，取其余五块的平均值作为抗压强度的实验结果。如果剩余五个测定值中再有超过其平均值的结果，则此组实验结果作废。

五、实验报告

按照实验操作步骤进行实验，并将实验结果记录于表 11-2 内。

表 11-2　水泥胶砂强度测试实验记录

<table>
<tr><td colspan="2">试件成型日期</td><td colspan="3">抗折强度</td><td colspan="3">抗压强度</td></tr>
<tr><td>实验日期</td><td>试件龄期</td><td>破坏载荷 F_f/N</td><td colspan="2">抗折强度 R_f/MPa</td><td colspan="2">破坏载荷 F_c/N</td><td>抗压强度 R_c/MPa</td></tr>
<tr><td rowspan="6"></td><td rowspan="6">3d</td><td rowspan="2"></td><td rowspan="2"></td><td rowspan="6"></td><td></td><td></td><td rowspan="6"></td></tr>
<tr><td></td><td></td></tr>
<tr><td rowspan="2"></td><td rowspan="2"></td><td></td><td></td></tr>
<tr><td></td><td></td></tr>
<tr><td rowspan="2"></td><td rowspan="2"></td><td></td><td></td></tr>
<tr><td></td><td></td></tr>
<tr><td rowspan="6"></td><td rowspan="6">28d</td><td rowspan="2"></td><td rowspan="2"></td><td rowspan="6"></td><td></td><td></td><td rowspan="6"></td></tr>
<tr><td></td><td></td></tr>
<tr><td rowspan="2"></td><td rowspan="2"></td><td></td><td></td></tr>
<tr><td></td><td></td></tr>
<tr><td rowspan="2"></td><td rowspan="2"></td><td></td><td></td></tr>
<tr><td></td><td></td></tr>
<tr><td colspan="2">水泥强度等级</td><td colspan="3"></td><td colspan="3"></td></tr>
</table>

六、问题与讨论

1. 影响水泥胶砂强度的因素有哪些？如何提高水泥的胶砂强度？
2. 测试水泥胶砂强度的试件在养护时为什么要规定养护条件？

实验十二　膨胀水泥膨胀性测定实验

一、实验目的

1. 了解膨胀水泥的原理及其影响因素。
2. 掌握水泥膨胀率的测定原理和操作方法。

二、实验原理

水泥加水拌和后，在水化硬化过程中会产生一定的体积收缩，当水泥砂浆用作一些特殊用途时，由于其体积的收缩会使浆体与周围原有固件相脱离，所以当水泥用于钢筋的锚固、机械设备的安装和固定、混凝土裂缝的修补等特殊场合时，会大大降低水泥的承载能力。如果水泥浆体能够具有一定的体积膨胀，在水化和凝固过程中会产生一定的预应力，增大周围固件与水泥的结合力，从而提高粘接强度。

这种在水化硬化过程中能够产生一定体积膨胀的水泥称为膨胀水泥。根据膨胀水泥的膨胀程度和用途的不同，膨胀水泥可用于收缩补偿膨胀和产生自应力。因此，了解了水泥的膨胀性能，对于指导水泥的生产和应用有着重要的意义。

本实验通过用比长仪测定两端装有球形钉头的水泥净浆试件，经不同养护时间后试件长度的变化来测定水泥的膨胀率。

三、实验设备和材料

1. 实验设备

本实验所用的实验设备为水泥胶砂搅拌机、水泥标准养护箱、比长仪、水泥试模（25mm×25mm×280mm）、测量钉头及三棱刮刀。

（1）比长仪　比长仪由千分尺、上测头、下测头、标准杆、底座等组成。它具有使用方便、测量精度高、速度快、读数清楚等优点。如图 12-1 所示。

其性能指标：数显千分表量程 10mm；最小刻度 0.01mm。

图 12-1　比长仪

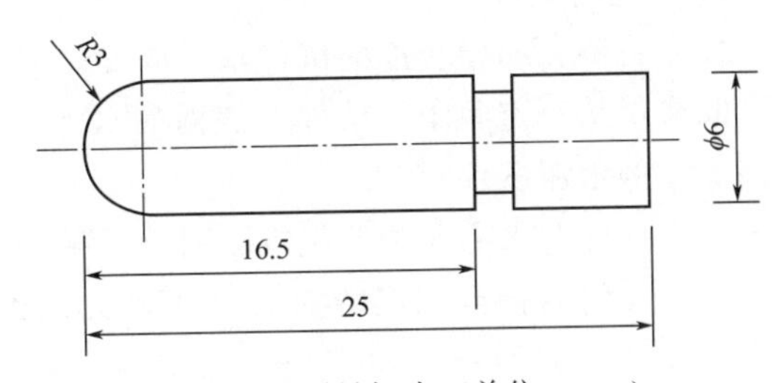

图 12-2　测量钉头（单位：mm）

（2）测量钉头　测量钉头由不锈钢制成，其尺寸如图 12-2 所示。试件成型时，测量钉头深入试模端板的深度为（10±1)mm。

2. 实验材料

水泥、水、氧化镁膨胀剂。

四、实验内容和步骤

1. 胶砂拌和及成型

(1) 称取水泥 1200g，按照“实验七　水泥净浆标准稠度用水量实验”的测试结果量取适量的水，按照水泥质量分数 0.5%～1.0%的比例称取膨胀剂，将水泥和膨松剂研磨均匀。

(2) 将试模擦净并装配好，内壁均匀地涂刷一薄层机油。然后将钉头插入试模端板上的小孔中，钉头插入深度为 (10±1)mm，松紧适宜。

(3) 将搅拌机的搅拌锅和叶片擦净，倒入拌和水，再加入水泥和膨胀剂。将搅拌锅装入搅拌机并开动搅拌机，根据“慢拌 60s→快拌 30s→停 90s→再快拌 60s”的顺序进行搅拌，用刮刀刮下粘在叶片上的水泥浆，然后取下搅拌锅。

(4) 将搅拌好的水泥浆均匀倒入试模内，待试模空间全部填满后，用刮刀以 45°由试模的一端向另一端压实水泥浆约 10 次，然后再向反方向压实 10 次；用刮刀在试模钉头两侧插实 3～5 次，反复进行两遍，再将水泥浆表面刮平。

(5) 一只手顶住试模的一端，将另一端用手向上提起约 3～5cm，然后使其自由落下，振动 10 次，用同样的方法将试模另一端振动 10 次，用刮刀将试件表面刮平。

(6) 制备完全相同的三条试件，并对其进行编号。从加水起 10min 内要完成成型工作。

2. 试件的脱模、养护及测量

(1) 将成型后的试件连同试模一起水平放入湿气养护箱内进行养护，试件自加水时间算起，养护 (24±2)h 后脱模。

(2) 将脱模后的试件两端的钉头擦干净，并立即放入比长仪测量试件的初始长度 L_1；测量读数时应旋转试件，使试件钉头和比长仪正确接触，指针摆动不得大于±0.02mm，读数应记录至 0.001mm，一组试件从脱模完成到测量初始长度应在 10min 之内完成。

(3) 将测完初始长度的试件水平放置，刮平面朝上放入养护箱内进行养护，试件之间应保持一定间距，试件上表面的水深不得小于 5mm；每个养护箱内只养护相同类型的水泥试件。

(4) 试件在水中养护至相应龄期后，测量试件该龄期的长度值 L_x。

(5) 任何养护至相应龄期的试件应在测量前 15min 内从水中取出，擦去试件表面沉积物，并用湿布覆盖至测量实验为止。测量不同龄期试件长度值应在下列时间范围内进行：1d±15min、2d±30min、3d±45min、7d±2h、14d±4h、≥28d±8h。

3. 膨胀率的计算

(1) 水泥试件某龄期的膨胀率 E_x(%) 按照公式(12-1) 进行，计算结果取值至 0.001%：

$$E_x = \frac{L_x - L_1}{250} \times 100 \tag{12-1}$$

式中，L_x 表示试件某龄期时的长度读数，mm；L_1 表示试件的初始长度读数，mm；250 表示试件的有效长度为 250mm。

（2）试件膨胀率　取三个试件膨胀率的平均值，如果三个试件膨胀率结果的最大极差大于 0.010%，则取结果相接近的两个试件膨胀率的平均值作为试件的膨胀率结果。

五、实验报告

按照实验操作步骤进行实验，并将实验结果记录于表 12-1 内。

表 12-1　水泥浆体膨胀率测试实验记录

试件成型日期：		膨胀剂添加量/%（质量分数）			
实验日期	试件龄期	试件初始长度/mm	龄期长度/mm	膨胀率/%	
	3d				
	7d				
	28d				

六、问题与讨论

1. 对于普通硅酸盐水泥，如何抑制其在水化过程中的体积收缩？
2. 在试样制备过程中，用水量应以什么为标准？

实验十三　水泥熟料中游离氧化钙含量测定实验

一、实验目的

1. 了解水泥熟料中游离氧化钙含量的测定原理和方法。
2. 测定水泥熟料中游离氧化钙的含量。

二、实验原理

在水泥熟料的煅烧过程中，绝大部分CaO均能与酸性氧化物合成$C_2S(2CaO \cdot SiO_2)$、$C_3S(3CaO \cdot SiO_2)$、$C_3A(3CaO \cdot Al_2O_3)$、$C_4AF(4CaO \cdot Al_2O_3 \cdot Fe_2O_3)$等矿物，但由于水泥的原料成分、生料细度、生料均匀性及煅烧温度等因素的影响，仍会残留少量的CaO以游离状态存在于熟料中。这些游离状态存在的CaO（f-CaO）会直接影响水泥的安定性。因此，测定熟料中f-CaO的含量以控制水泥的生产，对确保水泥的质量就显得尤为重要。

水泥熟料中f-CaO的含量可用化学分析方法、显微分析方法和电导法进行分析。实际测试中多采用甘油-乙醇法和电导法。

（1）化学分析方法　甘油-乙醇法是常用的化学分析方法之一，也是水泥生产中常用的方法。其基本原理为：当水泥熟料与甘油乙醇溶液混合后，熟料中的石灰会与甘油化合生成弱碱性的甘油酸钙，并溶于溶液中。酚酞指示剂可使该溶液呈现红色。用弱酸性的苯甲酸-乙醇混合溶液对生成的甘油酸钙进行滴定反应，可使溶液逐渐褪色。由反应中苯甲酸的消耗量可计算出石灰含量。

其化学反应如式(13-1)和式(13-2)所示：

$$CaO + \begin{matrix} CH_2OH \\ | \\ CHOH \\ | \\ CH_2OH \end{matrix} \xrightarrow{Sr(NO_3)_2\text{催化}} \begin{matrix} CH_2O \\ | \\ CHOH \\ | \\ CH_2O \end{matrix} \!\!> Ca + H_2O \tag{13-1}$$

$$\begin{matrix} CH_2O \\ | \\ CHOH \\ | \\ CH_2O \end{matrix} \!\!> Ca + 2C_6H_5COOH \xrightarrow{\text{酚酞}} \begin{matrix} CH_2OH \\ | \\ CHOH \\ | \\ CH_2OH \end{matrix} + Ca(C_6H_5COO)_2 \tag{13-2}$$

（2）电导法　在一定条件下，乙二醇提取剂能快速提取溶液中的氧化钙，从而改变溶液的电导率。其化学反应如式(13-3)和式(13-4)所示。

$$(CH_2OH)_2 + CaO \longrightarrow (CH_2O)_2Ca + H_2O \tag{13-3}$$

$$(CH_2O)_2Ca \rightleftharpoons (CH_2O)_2^{2-} + Ca^{2+} \tag{13-4}$$

由于乙二醇离子和钙离子在溶液中都具有导电性能，其导电性能基本上与其浓度成正比。因此，确定了溶液中离子浓度与导电性能的关系之后，就可以通过溶液导电性能测定溶液中的钙离子浓度，从而得知游离氧化钙的含量。

三、实验设备和材料

1. 实验设备

电炉、烧杯、滴定管、容量瓶、干燥器、方孔筛、磁铁、广口瓶、锥形瓶、玛瑙研钵。

2. 实验材料

无水乙醇、氢氧化钠-无水乙醇溶液（0.01mol/L）、甘油-无水乙醇溶液、苯甲酸-无水乙醇溶液（0.1mol/L）。

四、实验内容和步骤

1. 试样制备

（1）水泥熟料磨细后，用磁铁吸出熟料中可能存在的铁屑，然后装入带有磨口塞的广口玻璃瓶中，密封保存。试样质量不得少于200g。

（2）取出试样，以四分法缩减至25g，然后取出5g放于玛瑙研钵中研磨至全部通过0.080mm方孔筛，储存于带有磨口塞的小广口瓶中，密封后放于干燥处备用。

2. 标准试剂的配置

（1）氢氧化钠-无水乙醇标准溶液（0.01mol/L）

① 准确称取0.2g氢氧化钠（精确至0.1mg）溶于适量无水乙醇溶液中，搅拌使其溶解。

② 将溶液转移至500mL容量瓶中，滴加无水乙醇至500mL刻度线。

③ 将溶液摇匀，静置后待用。

（2）甘油-无水乙醇标准溶液

① 量取220mL甘油加入500mL烧杯中，在带有石棉网的电炉上加热，在不断搅拌的条件下分多次加入30g硝酸锶，直至溶解。

② 将溶液在160～170℃下加热2～3h，从电炉上取下后冷却至60～70℃，将其倒入1000mL无水乙醇中。

③ 在上述混合溶液中加入0.05g酚酞指示剂，混合均匀后以0.01mol/L氢氧化钠-无水乙醇标准溶液中和至微红色即可。

（3）苯甲酸-无水乙醇标准溶液（0.1mol/L）

① 称取12.3g于硅胶干燥器中干燥24h后的苯甲酸，将其溶于1000mL无水乙醇中，然后将其储存于带胶塞的、装有硅胶干燥管的玻璃瓶内。

② 准确称取0.04～0.05g氧化钙，置于150mL的干燥锥形瓶内，加入15mL甘油-无水乙醇溶液后将其置于图13-1所示的实验装置上加热回流。

③ 加热煮沸至溶液呈深红色后取下锥形瓶，立即以0.1mol/L的苯甲酸-无水乙醇溶液滴定至红色消失；然

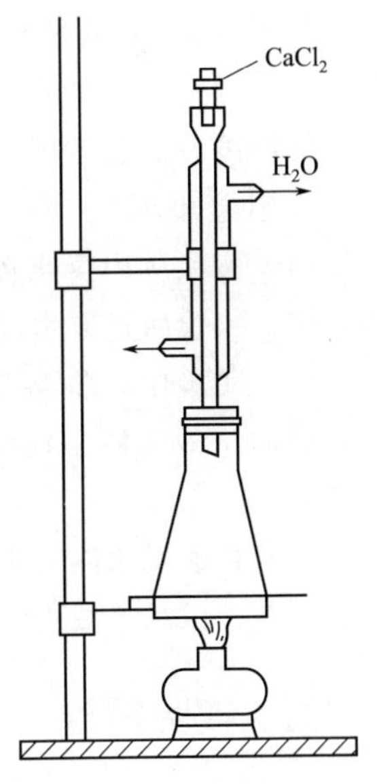

图13-1 实验测定装置

后继续加热煮沸至微红色，并再次进行滴定至红色消失；如此反复操作，直至加热10min后不再出现微红色为止。

苯甲酸-无水乙醇标准溶液对氧化钙的滴定度按式(13-5)进行计算：

$$T(\mathrm{CaO})=\frac{m_1\times 1000}{V_1} \tag{13-5}$$

式中，$T(\mathrm{CaO})$ 表示每毫升苯甲酸-无水乙醇标准溶液相当于氧化钙的质量(mg)；m_1 表示氧化钙的质量，g；V_1 表示滴定消耗0.1mol/L的苯甲酸-无水乙醇标准溶液的总体积，mL。

3. 游离氧化钙的测定

(1) 准确称取熟料约0.5g，置于150mL干燥的锥形瓶内，放入15mL甘油-无水乙醇溶液，摇匀。

(2) 按照图13-1搭建实验装置，装上回流冷凝器。将锥形瓶放置于带石棉网的电炉上加热煮沸至溶液呈红色，数分钟之后取下锥形瓶，立即用0.1mol/L的苯甲酸-无水乙醇标准溶液滴定至红色消失。

(3) 将锥形瓶继续安装在冷凝器上，继续加热煮沸至红色出现，再取下滴定。

(4) 如此反复加热-滴定，直至在加热10min后不再出现红色为止。记下此时苯甲酸-无水乙醇溶液消耗的体积。

4. 结果计算

本实验中，游离氧化钙的含量按式(13-6)进行计算：

$$w_{(f\text{-CaO})}=\frac{T(\mathrm{CaO})\times V_2}{1000\times m_2}\times 100 \tag{13-6}$$

式中，$w_{(f\text{-CaO})}$ 表示游离氧化钙的含量，%；$T_{(\mathrm{CaO})}$ 表示每毫升苯甲酸-无水乙醇标准溶液相当于氧化钙的毫克数，mg/mL；V_2 表示消耗0.1mol/L苯甲酸-无水乙醇标准溶液的总体积，mL；m_2 表示试样的质量，g。

5. 注意事项

(1) 实验所用容器必须干燥，所用试剂必须是无水试剂。

(2) 实验所选取水泥熟料试样必须充分磨细至全部通过0.080mm方孔筛。

(3) 实验中，将溶液煮沸的目的是为了加速反应的进行，加热温度不宜过高，以防试液飞溅。反应中可在锥形瓶内加入几粒小玻璃球珠，可以减少试液的飞溅。

(4) 甘油吸水能力很强，煮沸后要赶紧进行滴定，以防试剂吸水。煮沸尽可能充分一些，以尽量减少滴定的次数。

五、实验报告

按照实验操作步骤进行实验，并将实验数据记录于表13-1中。

表 13-1　水泥熟料中游离氧化钙测定数据记录

实验日期：

序号	试样质量/g	标准溶液滴定度 $T_{(CaO)}$/(mg/mL)	标准溶液消耗量/mL	$w_{(f\text{-}CaO)}$/%	平均值/%
1					
2					
3					

六、问题与讨论

1. 水泥熟料试样为什么要充分磨细？
2. 滴定过程中为什么要尽量加快实验进行？
3. 实验中所用的试样、试剂、容器为什么都要求无水？

第三章 活性炭的制备与性能研究综合实验

炭是一类古老的材料，早在数千年以前，人类就掌握了烧制炭的技术，作为优质的能源储备为人类生活、生产提供便利。活性炭是经活化处理以后的碳材料的统称，由木质、煤质和石油焦等含碳的原料经热解、活化加工制备而成，具有发达的孔隙结构、较大的比表面积和丰富的表面化学基团，特异性吸附能力较强的特点。

活性炭用途广泛，主要用途是作为固体吸附剂，应用在化工、医药、环境等方面，用于吸附沸点及临界温度较高的物质及分子量较大的有机物。在空气净化、水处理等领域应用也呈现出应用量增长的趋势，专用高档炭如高比表面积炭、高苯炭、纤维炭已渗透到航天、电子、通信、能源、生物工程和生命科学等领域。另外，利用活性炭比表面积大、化学性质稳定和表面官能团丰富的特点，活性炭作为催化剂载体的应用也是活性炭的一个重要的用途。

活性炭的传统制备方法是热解法，即在缺氧或贫氧的条件下加热富碳原料，除去原料中的挥发性非碳成分，以丰富碳材料的空隙结构增加比表面积。近年来，水热碳化、离子热碳化和熔盐碳化等新兴的活性炭制备技术也发展起来。本章主要介绍活性炭的制备方法、表征技术、表面改性、吸附性能测试以及活性炭作为催化剂载体的应用等，具体包括以下几个实验：

实验十四　化学活化法制备活性炭实验

实验十五　活性炭的结构表征实验

实验十六　活性炭的表面改性实验

实验十七　活性炭的表面电荷测定实验

实验十八　活性炭的吸附性能实验

实验十九　活性炭负载纳米金属氧化物复合材料的制备与表征实验

实验二十　活性炭负载纳米 TiO_2 的光催化氧化降解有机染料性能实验

实验二十一　活性炭负载纳米 TiO_2 的光催化还原六价铬离子实验

实验十四　化学活化法制备活性炭实验

一、实验目的

1. 掌握化学活化法制备活性炭的原理和方法。
2. 了解影响活性炭结构与性能的主要因素。

二、实验原理

活性炭是最古老最重要的工业吸附剂之一，与其他吸附剂（树脂类、硅胶、沸石等）相比，具有许多优点：高度发达的孔隙结构和巨大的内比表面积；炭表面上含有（或可以附加）多种官能团；具有催化性能；性能稳定，可以在不同温度、酸碱度中使用；可以再生。近年来随着人们对环保问题的日益重视，活性炭被广泛应用于环保、制药、化工、食品、冶金、农业等各个领域。

1. 活性炭的基本特征

(1) 物理特征　活性炭是由已石墨化的微晶和未石墨化的非晶构成的基本炭质，因此活性炭被认为是微晶类的碳系，微晶炭和非晶炭相互连接构成了活性炭的孔隙结构。由于活性炭的微晶排列是无规则的、紊乱的，各微晶之间形成大小、形状不一的孔隙，这些孔隙有狭缝型、楔子型和笼子型等。微晶的形状、大小以及聚集的程度与活性炭的比表面积和孔隙结构密切相关。1972 年国际纯化学和应用化学学会（International Union of Pure and Applied Chemistry，IUPAC）根据苏联学者杜比宁的划分，对活性炭的孔隙作了以下的分类：活性炭的孔隙分为大孔（孔径＞50nm）、中孔（2nm＜孔径＜50nm）和微孔（孔径＜2nm）3 类，各类孔隙在活性炭中是相通的，大孔分叉产生小孔，呈现树状的结构。如图 14-1 和图 14-2 所示。

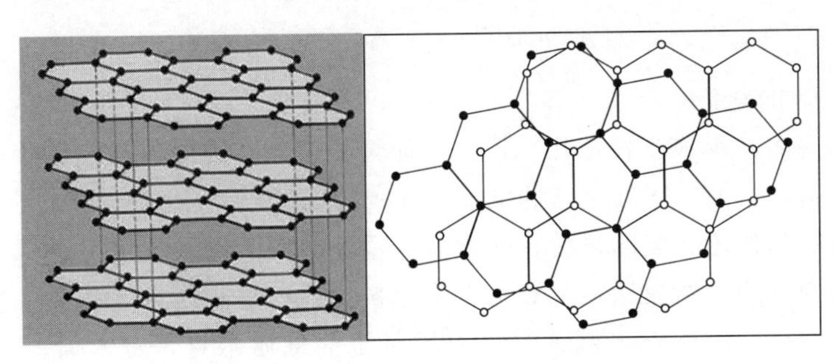

(a) 石墨结构　　(b) 乱层结构

图 14-1　石墨结构和乱层结构的孔隙结构

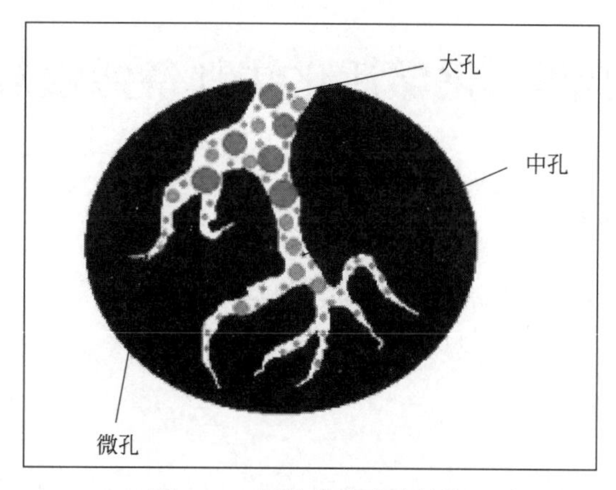

图 14-2　活性炭的孔隙结构

（2）表面化学性质　受到原料和制备工艺的影响，活性炭中除了石墨微晶平面层边缘的碳原子外，在微晶平面层上还存在许多不成对电子的缺陷位，这些缺陷位和碳原子共同构成了活性炭表面的活性位。活性位吸附其他元素（如 O、H、N 和 S 等）生成稳定的表面络合物，形成局部表面化学官能团结构。活性炭表面可能存在的官能团结构有很多，常见的含氧和含氮官能团如图 14-3 所示。

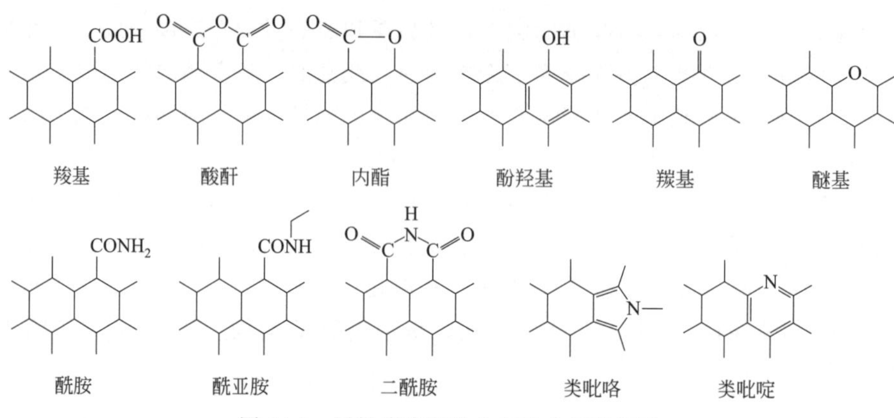

图 14-3　活性炭表面的含氧和含氮官能团

2. 活性炭的制备

（1）制备活性炭的原料　几乎任何一种天然或合成的含碳物质都可以用作生产活性炭的原料，目前，工业上作为活性炭生产原料的物质主要有生物质、矿物类和塑料类原料。其他还有废旧轮胎、除尘粉等也是制备活性炭的常用原料。

活性炭制备的生物质原料主要是木质原料。近年来，制备活性炭谋求廉价原料的探索受到重视，使原料范围增广。除了传统的优质木材，锯木屑、木炭、椰壳炭、棕榈核炭等也作为生产活性炭的原料。另外包括一些农林副产物和食品工业废弃物包括废木材、竹子、树皮、风倒木、核桃壳、果核、棉壳、咖啡豆梗、油棕壳、甘蔗渣、糠醛渣等。其中椰子壳和核桃壳最优。果壳经初步炭化，再用水蒸气活化，所得到的活性炭具有较高的强度和极精细的微孔，这种活性炭主要用于防毒保护上。炭化的树皮以气体活化可得到廉价的活性炭，这种活性炭可用来作为造纸废水的脱色剂。用椰树皮纤维为原料，通过化学法可以得到一种活性炭，能有效除去工业废水中的有毒废金属。甘蔗渣作为制糖厂的废弃物，回收利用可用来制造价格低廉具有特定性能的活性炭，用于污水处理和颜料吸附。

矿物原料主要包括煤炭类和石油类产品。目前用于制备活性炭的煤种主要是某些烟煤、优质无烟煤、褐煤等。无烟煤内部含有分子大小的孔隙，是制备微孔炭的合适原料，且其产品还具备分子筛特性，利用难转化无烟煤资源获得高回收率的活性炭日益受到重视。我国有丰富的煤炭资源，成为煤质活性炭的生产大国，常用的是无烟煤和不黏煤、弱黏煤，生产的活性炭品质不高，品种单一，因此以煤为主要原料用常规生产方法得到高比表面积、高吸附量的活性炭成为很有意义的课题。另外，在煤炭开采和浮选过程中，常伴随大量低品质成分，如劣质煤、煤矸石等。利用这些废弃物中的宝贵碳资源制成活性炭将有可能进一步降低成本，获得在环保和化工生产中大量需求的高效吸附剂和催化剂。此外煤泥炭、煤沥青也是制备活性炭很好的原料。石油原料是指石油炼制过程中含碳产品及废料，如石油沥青、石油焦、石油油渣等。特别值得关注的是石油焦作为石油加工副产物量大价低，且含碳量高达80%以上，挥发分一般在10%左右，杂质含量低，能制得高收率、低杂质、高比表面积的活性炭。目前美国、日本拥有利用石油焦制备比表面积超过3000m^2/g的超级活性炭的专利技术，并实现了产业化。

（2）活性炭制备方法　活性炭是将一些含碳物质进行碳化处理后得到的，一般来说，活性炭的制备过程如图14-4所示。

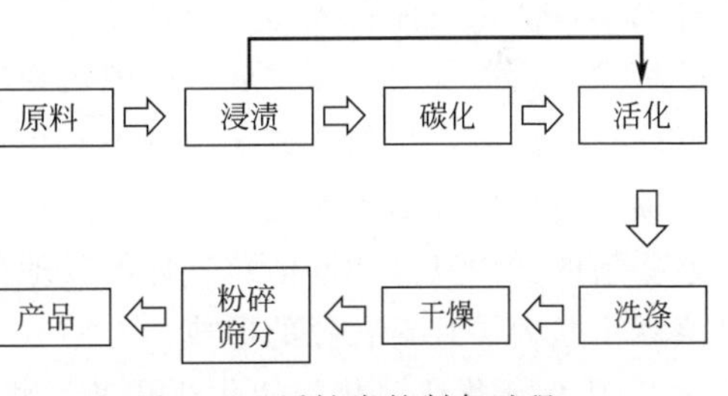

图14-4　活性炭的制备过程

原料经浸渍、碳化、活化等过程后得到活性炭产品，使用的原料不同，活性炭的制备工艺、产品的吸附性能、催化性能以及价格等也不尽相同。其中碳化和活化过程是其中最重要的步骤。碳化和活化过程可以分开进行，也可以同时进行。碳化是指在高温贫氧或缺氧的条件下，去除原料中的挥发物质，以制备炭材为目的的一种热解技术。活化是指增加或改变炭材的孔道、孔隙结构与表面官能团的物理、化学过程。根据活化介质的不同，活性炭活化方法分为物理活化法、化学活化法和物理化学活化法。

① 物理活化法：物理活化法又称气体活化法，一般分两步进行，先将原料在500℃左右炭化，再用水蒸气或CO_2等气体在高温下进行活化。高温下，水蒸气及二氧化碳都是温和的氧化剂，碳材料内部碳原子与活化剂结合并以$CO+H_2$或CO

的形式逸出，形成孔隙结构。物理活化法所需的活化温度一般较化学活化法高，而且活化所需的时间也更长，因此耗能比较大，成本高。尽管有这些缺点，物理活化法在实际生产中的应用仍然十分广泛，原因在于其制得的活性炭无需过多的后处理步骤，不像化学活化法制得的活性炭需要除去残留的活化剂。将炭化材料在高温下用水蒸气、二氧化碳或空气等氧化性气体与炭材料发生反应，使炭材料中无序炭部分氧化刻蚀成孔，在材料内部形成发达的微孔结构。炭化温度一般在600℃，活化温度一般在800～900℃。其主要化学反应式如下：

$$C+2H_2O \longrightarrow 2H_2+CO_2 \qquad \Delta H=18kcal$$ [1]

$$C+H_2O \longrightarrow H_2+CO \qquad \Delta H=31kcal$$

$$CO_2+C \longrightarrow 2CO \qquad \Delta H=41kcal$$

上述三个化学反应均是吸热反应，即随着活化反应的进行，活化炉的活化反应区域温度将逐步下降，如果活化区域的温度低于800℃，上述活化反应就不能正常进行，所以在活化炉的活化反应区域需要同时通入部分空气与活化产生的煤气燃烧补充热量，或通过补充外加热源，以保证活化炉活化反应区域的活化温度。活化反应属于气固相系统的多相反应，活化过程中包括物理和化学两个过程，整个过程包括气相中的活化剂向炭化料外表面的扩散、活化剂向炭化料内表面的扩散、活化剂被炭化料内外表面所吸附、炭化料表面发生气化反应生成中间产物（表面络合物）、中间产物分解成反应产物、反应产物脱附、脱附下来的反应产物由炭化料内表面向外表面扩散等，过活化反应通过以下三个阶段最终达到活化造孔的目的。

第一阶段是炭化时形成的但却被无序的碳原子及杂原子所堵塞的孔隙的打开，即高温下，活化气体首先与无序碳原子及杂原子发生反应。第二阶段是打开的孔隙不断扩大、贯通及向纵深发展，孔隙边缘的碳原子由于具有不饱和结构，易于与活化气体发生反应，从而造成孔隙的不断扩大和向纵深发展。第三阶段是新孔隙的形成，随着活化反应的不断进行，新的不饱和碳原子或活性点则暴露于微晶表面，于是这些新的活性点又能同活化气体的其他分子进行反应，微晶表面的这种不均匀的燃烧就不断地导致新孔隙的形成。

② 化学活化法：化学活化法是通过将化学试剂嵌入炭颗粒内部结构，经历一系列的交联缩聚反应形成微孔。化学活化可一步进行，即直接升温到700℃左右进行活化。在活化前，先将活化剂水溶液与原料以一定比例浸渍一段时间，烘干后再放入惰性气氛中升温进行活化。活化剂与原料的浸渍比是影响活性炭性能的一个重要因素，因此可以通过控制浸渍比以及不同的活化温度来制备所需的活性炭。化学活化法制得的活性炭产率高，而且其孔隙结构比物理活化法更加发达。主要的化学活化剂有$ZnCl_2$、KOH、H_3PO_4、KCO_3等。相对于物理活化，化学活化有以下优点：化学活化需要较低的温度，活化产率高，通过选择合适的活化剂控制反应条

[1] 1kcal=4.184kJ。

件可制得高比表面积活性炭。但化学活化对设备腐蚀性大，污染环境，其制得的活性炭中残留化学药品活化剂，应用受到限制。

以 KOH 作为活化剂为例，其制备过程为：原料经破碎后与 KOH 混合，经低温脱水（200～500℃）和高温活化（600～800℃）同时完成碳化和活化过程，再经酸洗、水洗、干燥后得活性炭产品。在 300～600℃时主要发生分子交联或缩聚反应，该阶段除一些非碳元素挥发出来外，焦油类物质的挥发是失重的主要原因。KOH 的加入，抑制了焦油的生成，提高了反应收率。同时，KOH 的加入，使得活化反应的实际温度降低了大约 100℃，即在 540℃左右就可反应。在此温度下，KOH 的加入也加快了 N、H 等非碳原子的脱除，KOH 活化反应成孔机理就是通过 KOH 与原料中的碳反应，把其中的部分碳刻蚀掉，经过洗涤把生成的盐及多余的 KOH 洗去，在被刻蚀的位置出现了孔。这一过程主要发生以下反应：

$$2KOH \longrightarrow K_2O + H_2O$$

$$C + H_2O \longrightarrow CO + H_2$$

$$CO + H_2O \longrightarrow CO_2 + H_2$$

$$K_2O + CO_2 \longrightarrow K_2CO_3$$

$$K_2O + H_2 \longrightarrow 2K + H_2O$$

$$K_2O + C \longrightarrow 2K + CO$$

在 KOH 活化法制备活性炭时，活化后的洗涤是关键。未洗时，产品的孔很少。先后经过酸洗、热水洗、蒸馏水洗，把产品中的非本体物质洗去，它们原来占据的空间就形成了孔。因此，尽管洗涤比较麻烦，但一定要反复洗涤，直到洗干净为止。

③ 物理化学活化法：物理化学活化法是将物理与化学两种活化法结合起来，发挥两种活化方式各自的优势，制备出孔隙结构更合理、性能更优异的活性炭。该法一般是先利用化学试剂浸渍含碳原料，然后把浸渍后的原料放在高湿条件下进行物理活化。物理化学活化法是对物理活化法的进一步改进，经过化学试剂浸渍能够有效提高反应速度，同时对化学结构也会产生不同的影响。物理化学活化法利用不同的化学试剂、浸渍比、浸渍时间来控制并制备出孔隙结构合理的活性炭。

除了原料本身、活化方式对活性炭的结构与性能有重要的影响之外，活化温度、浸渍比（活化剂与原料的配比）、活化时间等工艺参数对活性炭的结构也有重要的影响。本实验采用化学活化法制备活性炭。

三、实验设备和材料

1. 实验设备

小型粉碎机、控温气氛炉、坩埚、天平、烧杯、量筒、漏斗等。

2. 实验材料

生物质原料（木屑、木质纤维、果壳、秸秆、树叶等）、原煤、废旧轮胎、塑料等，以上任选其一，KOH，盐酸等。

四、实验内容和步骤

1. 原料预处理

将原料清洗晾干，用粉碎机粉碎后过40目筛网，放入烘箱中保持110℃下完全烘干，放入干燥器内，作为制备活性炭的原料备用。

2. 浸渍比

称取一定量的原料和不同量的KOH固体（至少三份），设置不同的浸渍比。两者混合均匀后加入适量的去离子水，浸渍12h以上，放入烘箱中保持110℃去除自由水分。

3. 碳化活化

混合物料经干燥后在氮气保护下，以一定的升温速率（5℃/min）升温至活化终温（600℃、700℃、800℃），保持60min，考察不同活化碳化温度的影响。活化过程结束后，样品随炉冷却至室温。

4. 后处理

活化料经碱回收后，以0.1mol/L的盐酸溶液洗涤，再经热水洗至中性，烘干备用。

五、实验报告

1. 数据记录

按照实验操作步骤进行实验，并将实验结果记录于表14-1内。

表14-1 制备活性炭的数据记录

原料质量/g	KOH质量/g	碳化温度/℃	产品质量/g	收率/%

2. 用SEM观察样品的形貌，并进行描述。

六、问题与讨论

1. 碳化温度是制备活性炭的主要参数，实验室如何确定合适的碳化温度？
2. 查阅文献，总结活性炭制备方法的新进展。

实验十五 活性炭的结构表征实验

一、实验目的

1. 掌握活性炭结构表征的主要方法和原理。
2. 了解活性炭的结构特点。

二、实验原理

1. 活性炭的孔隙结构表征

无定形碳在活化过程中，其微晶结构间的含碳有机物和无序碳被清除，形成了活性炭的孔隙。活性炭孔隙的形状、大小和分布因原料、炭化和活化过程的不同而有所区别。根据孔隙直径的大小，活性炭的孔隙分为大孔、中孔（介孔）和微孔。大孔能够发生多层吸附，但是由于在活性炭中该类孔隙较少，所以只起到吸附质进入吸附位的通道作用，由于其影响到吸附速度，在应用中也是很重要的因素。中孔或过渡孔不仅起到与大孔相同的作用，同时也起到吸附不能进入微孔的大分子物质的作用。微孔是活性炭吸附作用的主要影响因素，微孔的多少直接关系到吸附能力以及活性炭的比表面积。

(1) 孔容积计算　孔容积随着活化的进行而增加，孔隙数量决定了孔容积的大小。假设孔隙为圆筒形，在确定比表面积 S 和孔容积 V 的情况下，可利用式（15-1）计算孔隙半径：

$$\bar{r}=\frac{2V}{S} \tag{15-1}$$

如果孔的形状是由平行平面组成的裂缝状，式(15-1) 中的孔半径就相当于平面间隔，若假定孔为独立的球状，则式(15-1) 可转化为：

$$\bar{r}=\frac{3V}{S} \tag{15-2}$$

(2) 孔径分布的确定　孔径分布是研究活性炭孔径结构的最好手段。通常，采用电子显微镜法、毛细管凝结法、压汞法、分子筛法、X 射线小角散射法等测定孔径分布。常用的压汞法是利用汞进入孔隙需要一定的压力这一原理，在压力 p 下，汞进入半径为 r 的所有孔隙中，通过可以测定由于压力的增加而进入的汞量和各孔径大小，进而确定其孔径分布。如式(15-3) 所示：

$$rp=-2\gamma\cos\theta \tag{15-3}$$

式中，r 为孔半径；p 为汞的压力；θ 为汞的接触角；γ 为汞的表面张力。

(3) 比表面积　吸附是发生在固体表面的现象，所以可以认为，比表面积是影响吸附的重要因素。比表面积的测定方法很多，常用的是BET法，此外还有液相吸附法、润湿热法、流通法等等。通过X射线小角散射也能测定比表面积，但在活性炭的比表面积中，利用BET方程来确定多孔材料比表面积是目前最为常用的一种方法。此法测定一般的活性炭的比表面积约为$1000m^2/g$。BET方程表达式为：

$$n/n_m=\frac{CP}{(P-P^0)[1+(C-1)(P/P^0)]} \tag{15-4}$$

式中，n为吸附量；n_m为饱和吸附量；P^0为饱和蒸气压；P为吸附压力；C为常数。

BET理论需要假定固体表面是均匀的并且同一层分子之间没有相互作用力，从第二层开始的吸附类似于液化过程。

将式(15-4)进行代数变换得：

$$\frac{(P/P^0)}{n(1-P/P^0)}=\frac{1}{n_mC}+\frac{C-1}{n_mC}(P/P^0) \tag{15-5}$$

由$\frac{P/P^0}{n(1-P/P^0)}$对P/P^0作图，一般在0.05～0.35之间呈线性关系，利用线性拟合的斜率和截距，即可求出饱和吸附量n_m。由饱和吸附量可以求出比表面积：

$$S=6.023\times10^{23}n_m\sigma \tag{15-6}$$

式中，S为比表面积；σ为分子的截面积，通常认为77K时氮气分子的截面积为$16.2\times10^{-20}m^2$。

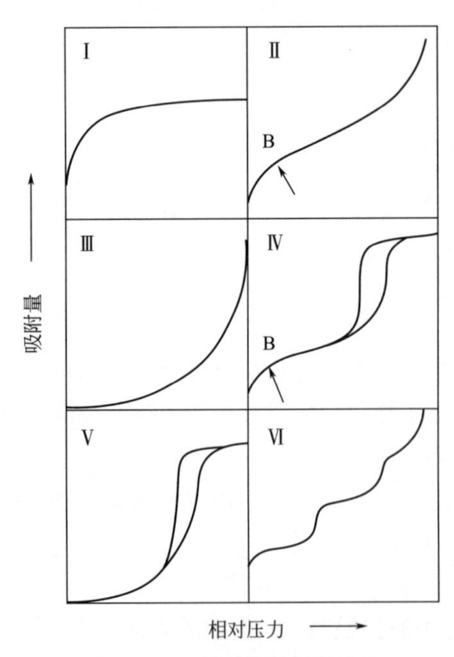

图15-1　气体吸附等温线种类

(4) 气体吸附等温线　气体吸附法是表征多孔材料比表面积和孔结构的有效手段，用气体分子作为度量的“标尺”，通过对活性炭表面的吸附量进行测定，实现对活性炭孔结构特征的描述。通常采用氮气吸附脱附法进行测定。在恒定温度条件下，对气体的吸附量随压力（P/P^0）而变的曲线称为等温吸附曲线，吸附等温线可以反映出多孔材料的比表面积、孔体积、孔分布等多方面信息。P/P^0小于0.1以下，可进行超微孔分布的测量与分析；P/P^0在0.05～0.35范围，进行多点比表面积的测试与计算；P/P^0在0.4以上时，产生毛细凝聚现象，由此进行介孔与大孔的测量与分析。根据IUPAC的划分，吸附等温线大致可分为六类，如图15-1所示。

Ⅰ型等温线：随着相对压力的增大，气体吸附量上升；当逐渐趋于平衡时，吸附量达到极限值，即趋于稳定，属于单分子层吸附等温线。这种等温吸附线常见于微孔吸附材料中。

Ⅱ型等温线：是非严格的单层吸附等温线，图中的拐点表示单层吸附结束，开始出现多层吸附现象。非多孔性固体表面或大孔固体材料的可逆物理吸附常出现此种线型。

Ⅲ型等温线：与Ⅱ型等温线相比，此种等温线不存在拐点，在轴上，该曲线呈现凸形，其斜率逐渐增加，这种等温线较为少见。当吸附材料和吸附质的吸附作用力小于吸附质分子间的作用力时，会出现此种曲率渐进的曲线。

Ⅳ型等温线：在相对压力较低时，属于单层吸附阶段，与Ⅱ型等温线相同，并出现相同的拐点。随着相对压力的升高，在介孔中发生毛细管凝聚，当所有介孔均发生毛细管凝聚后，吸附只发生在远小于内表面积的外表面上，曲线逐渐平坦，吸附量出现极限值。由于毛细管凝聚现象的存在，产生脱附滞后，即吸附等温线与脱附等温线往往是不重合的，脱附等温线在吸附等温线的上方，从而产生滞后环。吸附滞后环与孔的形状及其大小有关，故可通过分析滞后环的形状来分析吸附剂孔径的大小及其分布。此种等温线出现在中孔吸附剂材料中。

Ⅴ型等温线：该类型的等温线非常少见，归因于微孔和介孔上的弱气固相互作用，水蒸气吸附到微孔材料时出现此种线型。

Ⅵ型等温线：其显著的特点是吸附量随着相对压力的增大呈台阶状增加，阶梯的高度与系统和温度有关，该等温线用于描述均匀非孔材料表面的依次多层吸附。液氮温度下石墨化的炭黑对氩气或者氪气的吸附属于此种线型。

(5) 扫描电镜 SEM 分析　扫描电镜（SEM）是利用聚焦电子束在试样的进行表面逐点成像，是一种介于透射电镜和化学显微镜之间的微观形貌的观察手段。SEM 具有放大倍数可调（5 万～30 万倍）、成像立体感强、样品损伤和污染较小等优点。随着技术的改进，采用更高的电压和真空度来减少电子束破坏样品的程度、改进计算方法、采用更好物镜等手段，可以获得更好的观测效果以及孔径的三维结构。目前，该分析技术已经成了有序的介孔材料孔结构观测的有效方法。

2. 活性炭的元素组成及结构分析

(1) 元素组成　活性炭的元素组成通常可通过元素分析仪进行测定。活性炭的元素组成 90%以上是碳，这就很大程度上决定活性炭是疏水性吸附剂。氧元素的含量一般为百分之几，其一部分存在于灰分中，另一部分在碳的表面以羧基、羟基、内酯基等表面官能团形式存在。因此，这部分氧元素使活性炭具有一定亲水性，而并非是完全的疏水性。因亲水性基团的存在，使得其能够将孔隙内的空气置换为水，进而吸附溶解于水中的有机物，使活性炭用于水处理成为可能。氮与硫的含量，在植物类原料活性炭中通常非常少。原料中含有的蛋白质以及硫化物，在炭化及活化过程中，大部分会挥发掉，有时会有微量的残留。残存的微量氮原子，有时会提高活性炭的催化性能。

（2）表面官能团分析　碳是炭材料主要的成分，是非极性的，呈现疏水性。但由于生产过程的不同和使用环境的差异，会使炭材料的表面性质发生变化。炭材料容易被氧化剂比如氧气、硝酸等氧化而产生表面官能团。这些官能团的生成会使炭材料的界面化学性质产生多样性。

含氧官能团的测定方法：准确测定称量瓶质量（W_1），然后准确称量 0.1g 试样于称量瓶中，于 110℃下真空干燥 2h，测定质量（W_2）。将试样放入 100mL 锥形瓶，加入 0.1mol/L 的 NaOH 水溶液 50mL，25℃下于振荡器中振荡 48h，同时做空白试验。过滤并取滤液 20mL，以甲基橙为指示剂，采用 0.1mol/L 的 HCl 溶液进行滴定。表面官能团含量可经式(15-7) 计算：

$$\text{表面官能团量(mmol/g)}=\frac{0.1\times f(V_0-V)\times 50/20}{W} \tag{15-7}$$

式中，V_0 为空白试验中 0.1mol/L HCl 溶液的体积，mL；V 为 0.1mol/L HCl 溶液的体积，mL；W 为试样的质量（W_2-W_1），g；f 为 0.1mol/L HCl 溶液的修正系数。

用 0.05mol/L Na_2CO_3 溶液、0.1mol/L $NaHCO_3$ 溶液重复上述步骤，并求得表面酸性官能团数量，做差额运算可得出羧基、弱酸、酚羟基比例。目前，Boehm 滴定法是目前最简便常用的活性炭表面化学分析方法。该滴定法由 H. P. Boehm 提出，主要是根据不同的碱与不同表面含氧官能团的反应进行定性与定量分析。根据碱的消耗量计算相应含氧官能团的含量。通常认为 $NaHCO_3$ 中和羧基，Na_2CO_3 中和羧基与内酯基，NaOH 中和羧基、内酯基与酚羟基，C_2H_5ONa 中和羧基、内酯基、酚羟基与羰基。

活性炭表面官能团定性分析最常用的方法是红外光谱，通过红外光谱中所显示的特征吸收峰来确定官能团的种类。红外光谱用于分析分子结构对样品基本没有限制，是分子结构研究中的一种公认的分析工具和有效手段。红外光谱还可用来对分子的结构和化学键进行研究，利用其测定的键长、键角数据，来推测分子立体的结构构型。红外光谱由于其样品处理简单、操作简单以及样品使用量少而被广泛使用于材料表征中。

（3）X 射线衍射分析　X 射线衍射（XRD）是利用晶体对 X 射线衍射，对物质内部的原子在空间分布状况的结构分析方法。X 射线遇到排列规则的离子或者原子时会发生散射，散射的 X 射线在某些特定的相位上得到加强，从而显示出与结晶结构相对应的特有衍射现象。活性炭是类石墨微晶态炭材料，利用 X 射线衍射对活性炭中的石墨微晶进行研究将有助于了解活性炭的结构特征。标准石墨的 XRD 谱图有 9 个强度较高的石墨衍射特征峰，它们分别是（002）、（004）、（006）、

(100)、(101)、(102)、(103)、(110)、(112)。若谱图中出现的衍射峰越多，说明炭材料石墨化程度越高，有序性越好。

(4) X射线光电子能谱 X射线光电子能谱（XPS）主要应用是测定电子的结合能来实现对表面元素和价态的定性分析，用射线去辐射样品，使原子或分子的芯电子或价电子受激发射出来。被光子激发出来的电子称为光电子，可以测量光电子的能量，以光电子的动能为横坐标，相对强度脉冲为纵坐标可做出光电子能谱图，从而获得待测物元素组成及存在状态。

(5) 拉曼光谱 炭材料在一级拉曼序区内通常有两个拉曼特征峰. 一个峰位于约 $1580cm^{-1}$处，来源于石墨的结晶体，相对于 E_{2g}振动模，称为G峰；另一个峰位于约 $1360cm^{-1}$处，是石墨结晶体边界区域拉曼活性的表现，属于 A_{1g}振动模，称为D峰。目前通常用结构无序引起的D峰与石墨结晶体引起的G峰的强度比（$R=I_D/I_G$）对活性炭材料结构的无序度进行表征，R 值越小，炭材料的石墨化程度越高，含有的缺陷越少。

三、实验设备和材料

1. 实验设备

pH计、孔径表面面积分析仪、XRD衍射仪、Raman光谱仪、扫描电镜、XPS能谱仪等。

2. 实验材料

自制活性炭、分析设备耗材等。

四、实验内容和步骤

1. 含氧官能团测定

按Boehm滴定法的操作进行。

2. N_2 吸附实验

用孔径表面面积分析仪（型号）进行实验，按操作规程进行。

3. XRD、Raman、SEM、XPS分析

按照相关仪器的操作规程进行。

五、问题与讨论

1. 学习图片处理软件Photoshop、数据分析软件Origin以及XRD、XPS等专业数据处理软件的使用。

2. SEM、XRD、XPS、Raman等表征手段对活性炭结构表征的侧重点各是什么？

实验十六　活性炭的表面改性实验

一、实验目的

1. 掌握活性炭表面改性的方法和技术手段。

2. 了解活性炭表面改性的原理。

二、实验原理

处理活性炭本身的结构和孔隙分布之外，其表面的官能团种类和浓度对活性炭的性能起到关键性的作用。因此，可以通过表面改性的方法改变特定官能团的种类和数量，以达到增强活性炭的某些特定性能。

1. 表面氧化改性技术

在适当的条件下，通过使用氧化剂对活性炭表面进行氧化处理，从而提高其表面含氧官能团（如羧基、酚羟基、酯基等）的含量，增强活性炭表面的亲水性即极性，从而提高其对极性物质的吸附能力。氧化改性是常用的活性炭改性方法，常用的氧化剂有硝酸、硫酸、H_2O_2、O_3、$(NH_4)_2S_2O_8$ 等。所用氧化剂不同，含氧官能团的数量和种类不同，另外改性后的活性炭的孔隙结构、比表面积、容积和孔径也会发生改变。硝酸是最常用的强氧化剂，经氧化处理后，活性炭吸附金属离子的能力增强，主要归因于表面的酸性官能团（能解离出质子）可与金属离子通过静电吸引作用形成络合物。使用硝酸氧化改性商业活性炭，结果显示改性后表面生成更多的酸性官能团，其中以羧基最多，氧化改性降低了活性炭比表面积和孔容，改性后的活性炭在较宽的 pH 范围内具有阳离子交换能力。

2. 表面还原技术

表面还原改性主要是指在适当的温度下利用合适的还原剂对活性炭表面官能团进行还原，达到增加活性炭表面碱性官能团含量的目的，增强表面非极性，从而提高其对非极性物质的吸附能力。常用的还原剂有 N_2、H_2、KOH、NaOH 和氨水等。在生产过程中通入惰性气体、氢气或者氨气是制备碱性活性炭最简单的方法。在 400～900℃下，通入 NH_3 后，活性炭表面可生成碱性含氮官能团。温度较低时，可生成酰胺类、芳香胺类和质子化的酰胺类；在更高的温度下，可生成吡啶类物质，这些活性炭表面的物质均会增强活性炭表面的碱性。将活性炭在双氧水中浸渍处理也能得到含量丰富的含氮官能团。

3. 低温等离子体改性技术

等离子体是指具有足够数量而电荷数近似相等的正负带电粒子的物质聚集态，

等离子体改性指利用非聚合性气体对材料表面进行修饰的过程。用于活性炭表面改性的低温等离子体主要由电晕放电、辉光放电和微波放电产生。它的优势体现在便于控制、反应条件温和、价格便宜、环境安全性好等，值得一提的是，处理效果只局限于表面而不影响材料本体性能。最常用的是等离子体氧，它具有较强的氧化性。当等离子体撞击炭材料表面时，能将晶角、晶边等缺陷或C═C双键结构氧化成含氧官能团。

除了以上改性方法外，活性炭表面改性方法还有臭氧氧化法、微波辐射法、有机物接枝法等。

三、实验设备和材料

1. 实验设备

pH计、红外光谱仪等。

2. 实验材料

自制活性炭、硝酸等。

四、实验内容和步骤

1. 活性炭的硝酸表面改性

称取活性炭1g，加入20mL不同浓度的硝酸溶液（10%、15%、20%），回流处理3h，过滤、洗涤样品后于110℃干燥2h得硝酸改性活性炭。

2. 活性炭表面含氧官能团测定

按Boehm滴定法的操作进行。

3. FTIR分析

用傅里叶变换红外光谱仪分析或活性炭改性前后表面官能团的变化情况。

实验十七　活性炭的表面电荷测定实验

一、实验目的

1. 掌握活性炭表面零电荷点的测定方法和原理。
2. 掌握活性炭表面ζ电位的测定方法和原理。

二、实验原理

1. 活性炭表面的零电荷点

活性炭表面的零电荷点（pH_{PZC}）是表征活性炭表面酸碱性的一个重要参数，

是指水溶液中固体表面净电荷为零时的 pH 值。pH_{PZC}与活性炭酸性表面官能团特别是羧基有很大关系，与 Boehm 滴定存在很好的相关性（如图 17-1 所示）。活性炭表面存在丰富的官能团，其中包含正离子基团（如氨基）和负离子基团（如羧基），其表面所带电荷随溶液的 pH 值不同而改变。在酸性溶液中，以带正电荷的阳离子形式存在，在电场中向阴极移动；在碱性溶液中以带负电荷的阴离子形式存在，在电场中向阳极移动。如果把溶液调节到某一个 pH 值，使其在电场中既不移向阳极，也不移向阴极，而是成两性离子状态存在，这时溶液的 pH 值叫作活性炭的零电点。pH_{PZC}的试验方法主要有酸碱电位滴定法、电泳法和质量滴定法。

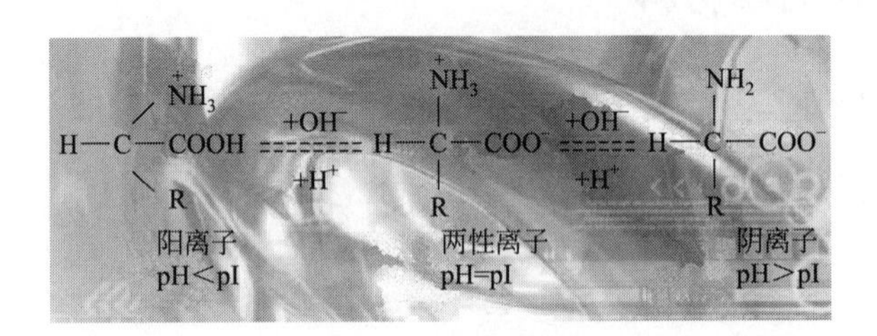

图 17-1　两性离子的表面零电荷点

酸碱电位滴定法是测定活性炭表面零电荷点常用的方法，其测定过程如下：将一定量的活性炭加入一系列可密封的装有一定浓度的 KCl 或 NaCl 溶液中，初始值用 HCl 或者 NaOH 调节，放在振荡器上震荡后，静置取上清液，测定溶液的平衡 pH 值，零电荷点就是加入活性炭前后 pH 值没有变化的点。

2. 活性炭表面的 ζ 电位

活性炭零电位点（isoelectric point，IEP）是指其在水溶液中固体表面的 ζ 电位为零时的 pH 值。活性炭颗粒的表面离子化官能团的离解，或其他化学反应，可生成随溶液条件变化的电荷，由于颗粒表面电荷的作用，在固-液界面处存在一静电场，从而导致靠近表面处的液相离子发生不均衡分布。与表面电荷反号的离子受到吸引而产生高于主体溶液中浓度，而与表面电荷同号的离子则受到排斥而低于主体溶液中的浓度。这样就在颗粒表面附近形成一个离子扩散双电层，产生颗粒的表面电位（如图 17-2 所示），影响着颗粒与溶液中各组分相互作用特性。作为吸附剂的颗粒活性炭表面电荷可能对吸附性能有着重要影响。

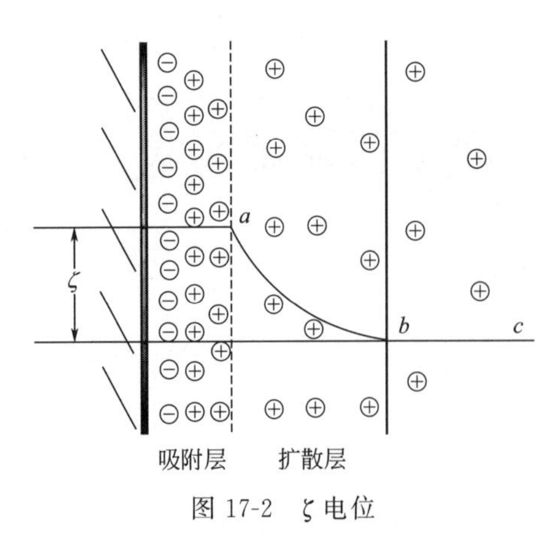

图 17-2　ζ 电位

三、实验设备和材料

1. 实验设备

pH 计、微电泳仪（JS94H）、磨口三角瓶等。

2. 实验材料

自制活性炭、NaCl、HCl、NaOH、去离子水等。

四、实验内容和步骤

1. 表面等电荷点的测定

通过滴定法测定活性炭表面的等电点，将 0.5g 活性炭加入一系列可密封的装有 50mL 一定浓度的 NaCl 溶液中，初始 pH 值用 NaOH 或者 HCl 调节，放在振荡器上震荡 120min 后，静置 24h，取上清液，测定溶液的平衡 pH 值，等电荷点就是加入活性炭前后 pH 值没有变化的点。

2. ζ 电位的测定

方法一：先将活性炭样品磨碎至 200 目以下，使其能均匀分散于 NaCl 溶液中，测量时每次取 0.5mL 左右于样品池中，并保证无气泡存在其中。仪器采用计算机多媒体技术，对分散体系中的颗粒施加电压，通过颗粒位移的大小计算表面 ζ 电位值，通过移动的方向，确定表面电性。每个样品平行测定 3 次，计算平均值，即为活性炭在该 pH 值下的电位。通过测定不同 pH 值下的 ζ 电位值，同样可实现对活性炭表面等电荷点的测定。

方法二：准备一列磨口三角瓶，分别加入 0.1g 活性炭样品、100mL 去离子水，摇晃 10min，以 HCl 或 NaOH 溶液调节成一定梯度的 pH 值，静置 2h。用 pH 计和 ζ 电位仪分别测定活性炭悬浮液 pH 值及活性炭悬浮液的 ζ 电位。以 ζ 电位对 pH 作图，并通过内插法求 ζ 电位为零时的 pH，即得零电位 pH_{IEP}。

五、问题与讨论

1. 讨论活性炭表面的零电荷点（pH_{PZC}）和零电势点 pH_{IEP} 的异同之处。

2. 测定 pH_{PZC} 的方法有哪些，比较它们的异同之处。

实验十八　活性炭的吸附性能实验

一、实验目的

1. 掌握吸附实验的实验设计方法和原理。

2. 掌握吸附实验数据的动力学、热力学拟合方法。

二、实验原理

1. 吸附动力学模型理论和数值模拟

吸附动力学是研究吸附传质过程的重要方法。影响吸附传质阻力的因素有：吸附体系的温度、体系压力（浓度）、吸附剂表面的流体膜、吸附剂内的介孔和微孔扩散等。虽然动力学过程相对复杂，但一般而言，多孔材料的吸附由以下几个基本过程组成。

（1）外扩散　在流体中，吸附质通过分子扩散与对流扩散传递到吸附剂的外表面。当流体与固体接触时，在吸附剂表面存在一层滞流膜，因浓度梯度的原因，吸附质要通过滞流膜向吸附剂内部扩散，故外扩散的速率主要取决于吸附质在滞流膜的传递速度。

（2）内扩散　吸附质通过液膜后，将从吸附剂的外表面通过颗粒上的微孔扩散进入颗粒内部。该扩散过程分为表面扩散和细孔扩散，表面扩散是已经吸附在孔表面上的分子转移至相邻吸附位点上的扩散，细孔扩散是指吸附质分子在微孔内的扩散。

（3）吸附剂内表面上的吸附　吸附质在吸附剂内表面上的吸附速率很快，可以认为是吸附质通过物理吸附、静电吸引和离子交换等方式与吸附位点快速结合，达到吸附平衡，相对于前两个过程，此过程吸附速度很快，总吸附速率是由外扩散和内扩散过程决定的。

对固体颗粒吸附剂对液相吸附质的吸附过程，常用的动力学模型有准一级动力学模型（pseudo-first order model）、准二级动力学模型（pseudo-second order model）和颗粒内扩散方程（intra-particle diffusion equation）三种。

准一级动力学模型假设吸附速度与吸附质的浓度成正比例的关系，限制吸附速度的因素是颗粒内传质阻力。该模型被广泛应用于水溶液吸附动力学的描述，其表达式如式(18-1）所示：

$$\frac{\mathrm{d}q_t}{\mathrm{d}t}=k_1(q_e-q_t) \tag{18-1}$$

对方程两边取对数，经过运算后，得到准一级动力学模型的线性表达式：

$$\ln(q_e-q_t)=\ln q_e-k_1 t \tag{18-2}$$

式中，k_1 为准一级吸附速率常数，min^{-1}；q_t 和 q_e 分别为 t 时刻和平衡时的吸附量，mg/g。通过直线的斜率和截距可得到 k_1 和理论 q_e 的值。

准二级动力学模型假设吸附速度与吸附质的浓度的平方成正比例的关系，与准一级动力学模型不同，吸附速度的限制因素是吸附机制，而不是颗粒内传质。该模型被广泛用于吸附动力学的描述，其表达式：

$$\frac{dq_t}{dt}=k_2(q_e-q_t)^2 \tag{18-3}$$

对方程两边取对数，经过运算后，得到准二级动力学模型的线性表达式：

$$\frac{t}{q_t}=\frac{1}{k_2q_e^2}-\frac{t}{q_e} \tag{18-4}$$

式中，k_2 为准二级吸附速率常数，g/(min·mg)；q_t 和 q_e 分别为 t 时刻和平衡时吸附剂的吸附量，mg/g。以 t 为横坐标，t/q_t 为纵坐标作图，可得到 k_2 和理论 q_e 的值。

对于多孔材料的吸附，应该考虑到吸附中的几个基本过程。颗粒内扩散扩散型描述总体的颗粒内扩散效应，认为颗粒内扩散是限制吸附速度的主要过程。该模型的表达式为：

$$q_t=k_{ip}t^{0.5}+C \tag{18-5}$$

式中，q_t 为 t 时刻吸附剂对吸附质的吸附量，mg/g；k_{ip} 为颗粒内扩散模型吸附速率常数，mg/(g·$min^{0.5}$)；C 为颗粒内扩散模型参数，mg/g。以 $t^{0.5}$ 为横坐标，q_t 为纵坐标作图，可求得 k_{ip} 和 C 的值。若拟合直线通过原点，说明粒内孔扩散是吸附过程中的唯一速控步骤。反之，则说明粒内孔扩散不是吸附过程的唯一速控步骤。

2. 吸附热力学模型理论和数值模拟

吸附热力学是描述吸附动态平衡状态的基本定律，等温吸附平衡是指维持温度不变，当达到平衡时，吸附质在固-液两相中浓度的关系曲线，即吸附剂表面的吸附量（q_e）与溶液中吸附质平衡浓度（C_e）之间的关系称作吸附等温曲线。通过对等温线进行模型拟合分析，明确吸附剂与吸附质之间的相互作用关系。经常使用的吸附等温线模型有 Langmuir 等温线模型、Freundlich 等温线模型和 Temkin 等温吸附模型。

Langmuir 吸附等温模型是通过大量实验数据归纳而来的经验模型，是实际运用中使用最广泛的吸附等温线方程，其理论模型的提出基于以下假设：

① 吸附剂表面是均匀的，即吸附位点是无差别的、完全相同的；

② 所有吸附粒子具有相同的吸附热和吸附能；

③ 吸附质分子之间、吸附质分子与表面活性位点之间不存在相互作用力；

④ 吸附为单分子层吸附。

Langmuir 表达式和线性形式分别为：

$$q_e=\frac{q_0K_LC_e}{1+K_LC_e} \tag{18-6}$$

$$\frac{C_e}{q_e}=\frac{1}{q_0K_L}+\frac{C_e}{q_0} \tag{18-7}$$

式中，q_0 和 q_e 分别为吸附剂的最大吸附容量和平衡吸附容量，mg/g；C_e 为吸附平衡时液相的浓度，mg/L；K_L 为 Langmuir 常数。

Freundlich 吸附等温模型是多分子层吸附，也是一种经验模型。该理论模型的假设为：吸附剂表面不均匀，吸附剂和吸附质之间、吸附质分子之间存在多种相互作用关系。其表达式和线性表达式分别如式(18-8)、式(18-9) 所示：

$$q_e = K_F C_e^{1/n} \tag{18-8}$$

$$\ln q_e = \ln K_F + 1/n \ln C_e \tag{18-9}$$

式中，K_F、n 是与吸附温度和吸附剂种类有关的 Freundlich 吸附常数。

Temkin 等温吸附模型为三参数方程，其假设为：所有分子的吸附热随着吸附剂表面分子层厚度的增加呈线性递减，而不是呈对数递减，考虑吸附剂和吸附质之间的相互作用，其表达式为：

$$q_e = A \ln K_T + B \ln C_e \tag{18-10}$$

式中，A、B、K_T 是经验常数，与吸附温度和吸附物系的性质有关。

三、实验设备和材料

1. 实验设备

pH 计、恒温振荡器、紫外可见光分光光度计、比色管。

2. 实验材料

自制活性炭、亚甲基蓝溶液、盐酸、NaOH、去离子水等。

四、实验内容和步骤

1. 模拟有机染料废水的配制和标准曲线的绘制

称取一定质量的亚甲基蓝，溶解于去离子水中，混合均匀，取不同体积的溶液于比色管中，定容至刻度线，配制成一系列不同浓度的亚甲基蓝模拟废水，以去离子水作为参比溶液，取一系列浓度的亚甲基蓝溶液在其最大吸收波长处（亚甲基蓝的最大吸收波长为 664nm）测定其吸光度，得到亚甲基蓝吸光度和浓度的关系。

2. 吸附动力学实验

配制一系列浓度的吸附质溶液于锥形瓶中，加入吸附剂后，移至振荡器中震荡。在预先设定的时间内取样，测定吸附质的浓度，直至浓度不再发生变化。分别用式(18-11) 和式(18-12) 计算 t 时刻的去除率 $R\%$ 和 t 时刻的吸附量 q_t。

$$R\% = \frac{C_0 - C_t}{C_0} \times 100 \tag{18-11}$$

$$q_t = \frac{(C_0 - C_t) \times V}{W} \tag{18-12}$$

式中，C_0 和 C_t 分别为吸附质的初始浓度和 t 时刻的浓度，mg/L；V 为溶液的体积，L；W 为活性炭的质量，g。

3. 吸附平衡实验

取一定浓度的吸附质溶液 100mL 于 250mL 的锥形瓶中，加入活性炭 0.1g，按照设定好的温度，在水浴振荡器中震荡，确保吸附达到平衡后，测定滤液中吸附质的浓度。分别采用式(18-13) 和式 (18-14) 计算去除率 $R\%$和平衡吸附量 q_e：

$$R\%=\frac{C_0-C_e}{C_0}\times 100 \tag{18-13}$$

$$q_e=\frac{(C_0-C_e)\times V}{W} \tag{18-14}$$

式中，C_0 和 C_e 分别为吸附质的初始浓度和平衡浓度，mg/L；V 为溶液的体积，L；W 为活性炭的质量，g。

五、实验报告

1. 自行设计表格，记录吸附动力学和吸附平衡实验数据和计算模拟的吸附动力学和吸附等温线数据。

2. 自行设计实验，考察溶液的初始 pH 值、吸附温度、吸附剂量等各种实验条件的影响。

六、问题与讨论

1. 如何通过数值模拟的方法，确定吸附动力学、吸附等温线的各参数？

2. 比较不同活化剂活化制备的活性炭的吸附性能。

实验十九 活性炭负载纳米金属氧化物复合材料的制备与表征实验

一、实验目的

1. 掌握活性炭负载纳米金属氧化物的方法和原理。

2. 了解复合材料的表征方法。

二、实验原理

1. 活性炭载体

载体活性炭是指在工业合成中催化剂负载在活性炭上，活性炭只是起到载体的作用，是负载型催化剂的组成之一。催化活性组分担载在载体表面上，载体主要用于支持活性组分，使催化剂具有特定的物理性状，而载体本身一般并不具有催化活性。多数载体是催化剂工业中的产品，常用的有氧化铝载体、硅胶载体、活性炭载体及某些天然产物如浮石、硅藻土等。常用“活性组分名称-载体名称”来表明负载型催化剂的组成，如加氢用的镍-氧化铝催化剂、氧化用的氧化钒-硅藻土催化剂等。活性炭细孔发达，且具有大的比表面积和热稳定性，故是优良的催化剂载体。通过将活性炭浸在金属盐的水溶液中等方法可使催化剂负载于活性炭载体上。活性炭作为载体的性能由细孔结构及表面化学结构所决定，表面酸性官能团以及自由基、电子授受能力等都能给予载体各种影响。

2. 活性炭负载纳米金属氧化物的方法

活性炭负载纳米金属氧化物的制备方法很多，总结来说，主要有物理法和化学法。物理法是指分别制备活性炭和相应的纳米金属氧化物，通过物理混合的方法得到活性炭负载纳米金属氧化物复合物；化学法是指通过焙烧活性炭或者金属氧化物的前驱体而同时完成碳化或前驱体热分解过程的制备方法。

（1）浸渍焙烧法　浸渍焙烧法是指将活性炭载在金属氧化物的可溶性前驱物中浸渍一定的时间后，在惰性气体保护下，焙烧吸附了金属氧化物前驱体的活性炭，使之受热分解成相应的金属氧化物，从而制备活性炭负载纳米金属氧化物复合材料的方法。也有文献报道将制备活性炭的原料在金属氧化物的可溶性前驱物的溶液中浸渍一定时间后，同时完成炭化/活化与金属氧化物前驱体热分解过程的报道。

（2）化学气相沉积法　化学气相沉积（chemical vapor deposition，CVD）是指反应物质在气态条件下发生化学反应，生成固态物质沉积在加热的固态基体表面，进而制得固体材料的工艺技术，一般用于制备纯金属涂层及其化合物涂层等。CVD 技术也可以用于活性炭负载纳米金属氧化物复合材料的制备，比如丙烯为碳源，用气相沉积的方法来制备金属氧化物与碳的复合材料。化学气相沉积法制备的复合材料，碳组分以碎片的形式分布在金属氧化物颗粒的表面，通过控制反应条件可以调节碳在金属氧化物颗粒表面的覆盖率。

3. 活性炭负载金属氧化物复合材料的表征方法

活性炭负载金属氧化物复合材料由活性炭和金属氧化物两种主要成分构成，复合材料结构表征的关键技术除了要确认两种成分的组成与结构之外，还要能说明它们之间的相互关系和相互作用。很多分析技术可以用于活性炭负载金属氧化物复合材料的结构表征，常用的有 SEM、TEM、XRD、XPS 和 Raman 光谱技术。

三、实验设备与材料

1. 实验设备

超声反应器、扫描电镜、透射电镜、XRD 衍射仪、XPS 能谱仪、拉曼光谱仪、玻璃仪器等。

2. 实验材料

自制活性炭、二氧化钛纳米颗粒（P25）、乙醇等。

四、实验内容和步骤

1. 活性炭负载纳米颗粒复合材料（TiO_2/AC）的制备

称取1.0g自制活性炭，加入100mL乙醇-水混合溶剂（体积比1∶1），加入一定量的纳米TiO_2（0.1g、0.06g、0.02g），超声处理30min，过滤后干燥得TiO_2/AC复合材料。

2. TiO_2/AC复合材料的表征

用SEM、TEM、XRD、XPS、Raman光谱等分析技术对样品进行结构表征。

五、问题与讨论

1. 比较TiO_2/AC复合物与TiO_2的SEM、TEM、XRD、XPS、Raman光谱分析结果，说明它们之间的异同及产生差异的原因。

2. 总结金属氧化物/AC复合材料制备方法的研究进展。

实验二十　活性炭负载纳米TiO_2的光催化氧化降解有机染料性能实验

一、实验目的

1. 掌握光催化实验设计的原理和方法。

2. 了解光催化氧化反应的原理和影响因素。

二、实验原理

1. 光催化原理

光催化现象是藤岛昭教授在1967年的一次试验中，对放入水中的氧化钛单晶进行紫外灯照射，结果发现水被分解成了氧和氢而发现的。光催化剂就是在光子的激发下能够起到催化作用的化学物质的统称。光催化剂的种类很多，包括二氧化钛（TiO_2）、氧化锌（ZnO）、氧化锡（SnO_2）、二氧化锆（ZrO_2）、硫化镉（CdS）等多种氧化物、硫化物半导体，另外还有部分银盐、卟啉等也有催化效应。光化学反应需要分子吸收特定波长的电磁辐射，受激发形成分子激发态，然后发生化学变化，达到一个稳定的状态，或者变成引发热反应的中间化学产物。光化学反应的活化能来源于光子的能量。光催化作用的基本原理可以由图20-1加以说明。

半导体有两类能级带，即充满电子的低能导带（VB）和空穴的高能价带

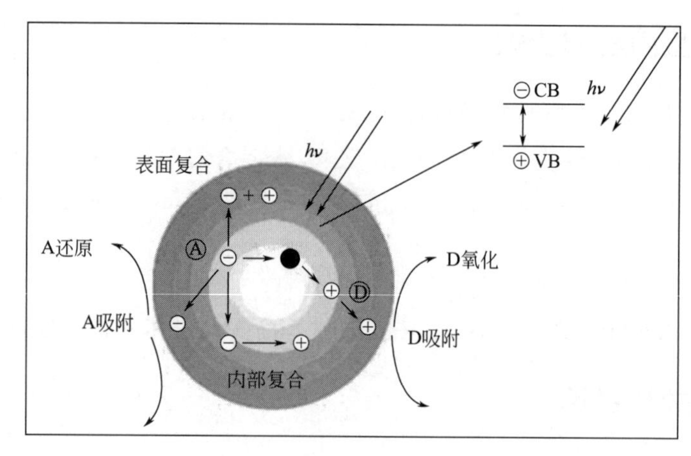

图 20-1　光催化作用的基本原理

(CB)，而它们之间则由禁带分开。用作光催化剂的半导体，大多为金属的氧化物和硫化物，一般具有较大的禁带宽度。当用光子能量高于半导体吸收阈值的光照射半导体时，半导体的价带电子发生带间跃进，即从价带跃迁到导带，从而产生光生电子（e^-）和空穴（h^+）。光生电子-空穴电子对迁移到半导体颗粒的表面，如果界面电子转移反应满足热力学条件，即可与吸附在催化剂表面上的反应底物发生相应的氧化还原反应［式(20-2) 和式(20-3)］。如果吸附底物是电子给体(D)，则底物可以将电子转移给催化剂表面上的光生空穴，发生氧化反应，生成阳离子自由基 $D^{\cdot +}$［式(20-2)］；若吸附底物为电子受体（A)，它将接受电子，发生相应的还原反应，生成阴离子自由基 $A^{\cdot -}$［式(20-3)］。由于处于激发态的光催化剂既能参与反应底物的氧化还原反应，同时也存在着由激发态回到基态失活的可能性［式(20-4)］，因此氧化还原反应的发生具有一定的效率，其效率取决于该反应能否在激发态的光催化失活之前顺利进行。

$$P \xrightarrow{h\nu} P^* \tag{20-1}$$

$$h^+ + D \longrightarrow D^{\cdot +} \tag{20-2}$$

$$e^- + A \longrightarrow A^{\cdot -} \tag{20-3}$$

$$P^* \longrightarrow P + h\nu' \tag{20-4}$$

2. 光催化氧化与光催化还原反应

在氧化还原反应过程中所产生的 $D^{\cdot +}$ 和 $A^{\cdot -}$ 自由基可能发生以下三种反应：①上述自由基可能通过反电子转移过程生成某种反应物的激发态，或者以非辐射的形式释放出能量；②与自身或者其他吸附质发生化学反应；③从催化剂表面扩散到反应体系中，参与化学反应。当吸附底物的氧化电势低于分子的最高占据分子轨道(HOMO) 或者半导体的价带带边，且 $D^{\cdot +}$ 的形成速率与反电子转移速率相当时，即可发生光催化氧化反应；同理，当还原电势和反应速率分别满足热力学和动力学条件时，光催化还原反应即可发生。

以目前常用半导体化合物为例。半导体为带隙结构，由价带和导带组成，当照射光的能量大于或者等于禁带宽度时，价带中的电子就会被激发到导带中，同时在价带中产生相应的空穴。电子和空穴既可能到达催化剂表面，与吸附的反应物发生氧化还原反应，同时也存在着体内复合和表面复合的可能性（如图 20-1 所示）。转移到催化剂表面的光生电子和空穴引发吸附在催化剂表面上的反应底物的氧化还原反应，这便是光催化氧化还原作用的普遍原理。通过有效地控制半导体表面产生的活性物种和优化微观化学反应环境，可以实现对特定吸附质的光催化选择性氧化或选择性还原，进而达到选择性去除污染物的目的。

3. 光催化效率的影响因素

（1）半导体的能带位置　半导体的带隙宽度决定了催化剂的光学吸收性能。半导体的光学吸收阈值 λ_g 与 E_g 有关，其关系式为：$\lambda_g=1240/E_g$。半导体的能带位置和被吸附物质的氧化还原电势，从本质上决定了半导体光催化反应的能力。热力学允许的光催化氧化还原反应要求受体电势比半导体导带电势低（更正）；而给体电势比半导体价带电势高（更负）。导带与价带的氧化还原电位对光催化活性具有更重要的影响。通常价带顶（VBT）越正，空穴的氧化能力越强，导带底（CBB）越负，电子的还原能力越强。价带或导带的离域性越好，光生电子或空穴的迁移能力越强，越有利于发生氧化还原反应。对于用于光解水的光催化剂，导带底位置必须比 H^+/H_2O（-0.41eV）的氧化还原势负，才能产生 H_2，价带顶必须比 O_2/H_2O（$+0.82$eV）的氧化还原势正，才能产生 O_2。因此发生光解水必须具有合适的导带和价带位置，而且考虑到超电压的存在，半导体禁带宽度 E_g 至少应大于 1.8eV。目前常被用作催化剂的半导体大多数具有较大的禁带宽度，这使得电子-空穴具有较强的氧化还原能力。

（2）光生电子和空穴的分离和捕获　光激发产生的电子和空穴可经历多种变化途径，其中最主要的是分离和复合两个相互竞争的过程。对于光催化反应来说，光生电子和空穴的分离与给体或受体发生作用才是有效的。如果没有适当的电子或空穴的捕获剂，分离的电子和空穴可能在半导体粒子内部或表面复合并放出荧光或热量。空穴捕获剂通常是光催化剂表面吸附的 OH^- 基团或水分子，可能生成活性物种·OH，它无论是在吸附相还是在溶液相都易引发物质的氧化还原反应，是强氧化剂。光生电子的捕获剂主要是吸附于光催化剂表面上的氧，它既能够抑制电子与空穴的复合，同时也是氧化剂，可以氧化已经羟基化的反应产物。

（3）晶体结构　除了对晶胞单元的主要金属氧化物的四面体或八面体单元的偶极矩的影响，晶体结构（晶系、晶胞参数等）也影响半导体的光催化活性。TiO_2 是目前认为最好的光催化剂之一。TiO_2 主要有两种晶型——锐钛矿和金红石，两种晶型结构均可由相互连接的 TiO_6 八面体表示，两者的差别在于八面体的畸变程度和八面体间相互连接的方式不同。结构上的差异导致了两种晶型有不同的质量密度及电子能带结构。锐钛矿的质量密度略小于金红石，且带间隙（3.2eV）略大于金红石（3.1eV），这使得其光催化活性比金红石的高。

（4）晶体缺陷　根据热力学第三定律，除了在热力学零度，所有的物理系统都存在不同程度的不规则分布，实际晶体都是近似的空间点阵式结构，总有一种或几种结构上的缺陷。当有微量杂质元素掺入晶体时，也可能形成杂质置换缺陷。这些缺陷的存在对光催化活性可能起着非常重要的影响。有的缺陷可能会成为电子或空穴的捕获中心，抑制了两者的复合，以至于光催化活性有所提高，但也有的缺陷可能成为电子-空穴的复合中心而降低反应活性。

（5）比表面积　对于一般的多相催化反应，在反应物充足的条件下，当催化剂表面的活性中心密度一定时，比表面积越大活性越高。但对于光催化反应，它是由光生电子与空穴引起的氧化还原反应，自催化剂表面不存在固定的活化中心。因此，比表面积是决定反应基质吸附量的重要因素，在晶格缺陷等其他因素相同时，比表面积大则吸附量大，活性也越高。然而实际上，由于对催化剂的热处理不充分，具有大比表面积往往晶化度较低，存在更多的复合中心，也会出现活性降低的情况。

（6）晶粒尺寸　半导体颗粒的大小强烈地影响着光催化剂的活性。半导体纳米颗粒比普通的粒子具有更高的光催化活性，原因主要有：①纳米粒子表现出显著的量子尺寸效应，主要表现在导带和价带变成分离能级，能隙变宽，价带电位变得更正，导带电位变得更负，这使得光生电子-空穴具有更强的氧化还原能力，提高了半导体光催化氧化污染物的活性；②纳米粒子的表面积很大，这大大增加了半导体吸附污染物的能力，且由于表面效应使粒子表面存在大量的氧空穴，以至反应活性点明显增加，从而提高了光催化降解污染物的能力；③对于半导体纳米粒子而言，其粒径通常小于空间电荷层的厚度，在此情况下，空间电荷层的影响可以忽略，光生载流子可通过简单的扩散从粒子的内部迁移到粒子的表面而与电子给体或受体发生氧化还原反应。

三、实验设备与材料

1. 实验设备

pH 计、恒温振荡器、紫外可见光分光光度计、紫外光源、比色管、锥形瓶。

2. 实验材料

自制 TiO_2/活性炭、亚甲基蓝、盐酸、NaOH、去离子水等。

四、实验内容和步骤

1. 模拟有机染料废水的配制和标准曲线的绘制

称取一定质量的亚甲基蓝，溶解于 1L 去离子水中，混合均匀，取不同体积的溶液于比色管中，定容至刻度线，配制成一系列不同浓度的亚甲基蓝模拟废水，以去离子水作为参比溶液，取一系列浓度的亚甲基蓝溶液在其最大吸收波长处（亚甲基蓝的最大吸收波长为664nm）测定其吸光度，得到亚甲基蓝吸光度和浓度的关系。

2. 平衡吸附实验

取一定浓度的吸附质溶液100mL于250mL的锥形瓶中，加入TiO_2/活性炭0.1g，按照设定好的温度，在避免光照的条件下，震荡吸附直至吸附质浓度保持恒定。达到平衡后，测定滤液中吸附质的浓度。分别采用式(20-5)和式(20-6)计算去吸附率$A\%$和平衡吸附量q_e：

$$A\%=\frac{C_0-C_e}{C_0}\times 100 \tag{20-5}$$

$$q_e=\frac{(C_0-C_e)\times V}{W} \tag{20-6}$$

式中，C_0和C_e分别为吸附质的初始浓度和平衡浓度，mg/L；V为溶液的体积，L；W为光催化剂的质量，g。

3. 光催化实验

吸附达到平衡后，用特定波长的紫外光源照射混合溶液，每隔一段时间取样。样品经离心分离后取上层清液，在亚甲基蓝的特定波长下测定清液的吸光度。亚甲基蓝的降解率$D\%$用式(20-7)计算：

$$D\%=\frac{A_0-A_t}{A_0}\times 100 \tag{20-7}$$

式中，A_0和A_t分别为亚甲基蓝初始溶液和t时刻亚甲基蓝溶液的浓度，mg/L。

五、问题与讨论

1. 设计实验，考察吸附过程对光催化降解的影响。
2. 如何证明亚甲基蓝完全降解为CO_2和水？

实验二十一 活性炭负载纳米TiO_2的光催化还原六价铬离子实验

一、实验目的

1. 掌握光催化实验设计的原理和方法。
2. 了解光催化氧化反应与光催化还原反应的原理和它们之间的相互关系。

二、实验原理

金属铬是一种常见的工业污染物，常以六价、三价形式存在。Cr^{6+} 具有极强的致癌危害，其毒性要比 Cr^{3+} 大一百倍，地面水中 Cr^{6+} 的允许最高含量为 0.1mg/L，Cr^{3+} 为 0.5mg/L，消除 Cr^{6+} 常用的方法是利用其自身极强的氧化性，加入 $FeSO_3$、SO_2 等还原剂进行还原。1979 年，日本科学家 Yoneyama 等利用 WO_3、TiO_2、$SrTiO_3$ 等半导体催化剂，在酸性条件下，首次对 Cr^{6+} 离子光催化还原为 Cr^{3+} 进行了研究，从而提出了光催化还原金属离子的可能性。此后，便有许多光催化研究者利用不同的催化剂及相应的体系研究了 Cr^{6+} 的还原。研究表明，在没有其他电子给体存在下，Cr^{6+} 从受光激发半导体的导带上得到电子还原到三价的同时，H_2O 得到价带上的空穴而发生氧化。其反应一般可表示为：

$$TiO_2 \xrightarrow{h\nu} TiO_2(e_{so}^- - h_{sc}^+) \tag{21-1}$$

$$16H^+ + 2CrO_4^{2-} + 6e_{sc}^- \longrightarrow 2Cr^{3+} + 8H_2O \tag{21-2}$$

$$3H_2O + 6h_{sc}^+ \longrightarrow 3/2O_2 + 6H^+ \tag{21-3}$$

1. 光催化还原的热力学分析

从理论上讲，任何一种金属离子，只要其还原电位比半导体催化剂的导带边的电位高，就有可能从导带上得到激发电子而发生还原：

$$M^{n+} + ne^- \longrightarrow M^0 (E_{M^{n+}}/E_{M^0} > E_{CB}) \tag{21-4}$$

由不同 pH 值和不同 pc（浓度的负对数，$-\lg c$，c 的单位为 mol/L）值下的 TiO_2 催化剂导带边、价带边，以及重金属离子的氧化还原电位图（图 21-1 和图 21-2）可以看出：Au^{3+}、Cr^{6+}、Hg^{2+}、Ag^{+}、Hg^{2+}、Fe^{3+}、Cu^{+} 和 Cu^{2+} 的还原电位高于导带边位置，所以光催化还原在热力学上是可行的；Cd^{2+}、Fe^{2+}、Cr^{3+} 因其还原电位低于导带边位置，在热力学上不可能发生光催化还原。但通过 TiO_2 表面改性，可以降低 TiO_2 的导带边位置，使得 Cd^{2+} 的还原电位高于 TiO_2 的导带边，从而发生光催化还原，还原产物为金属 Cd。Pb^{2+} 和 Ni^{2+} 的还原电位和 TiO_2 的导带边位置很接近，所以还原反应驱动力很小，热力学上也是不可行的。

2. 光催化还原重金属离子的影响因素

（1）还原气氛的影响　氧因其较高的还原电位，会作为电子受体，争夺光生电子，对重金属离子的光催化还原有阻碍作用。研究发现，用 Hombikat UV100 和 Degussa P25 两种商品化光催化剂还原 Hg^{2+} 时，氮气作为载气的光催化效果要比空气好。

（2）溶液 pH 值的影响　体系的酸度是影响光催化还原的一个重要因素，它除了能够影响光催化剂本身的活性与稳定性外，还能影响金属离子在体系中的存在方式以及相应的还原反应驱动力，也能影响离子在催化剂表面的吸附及随后的电子捕

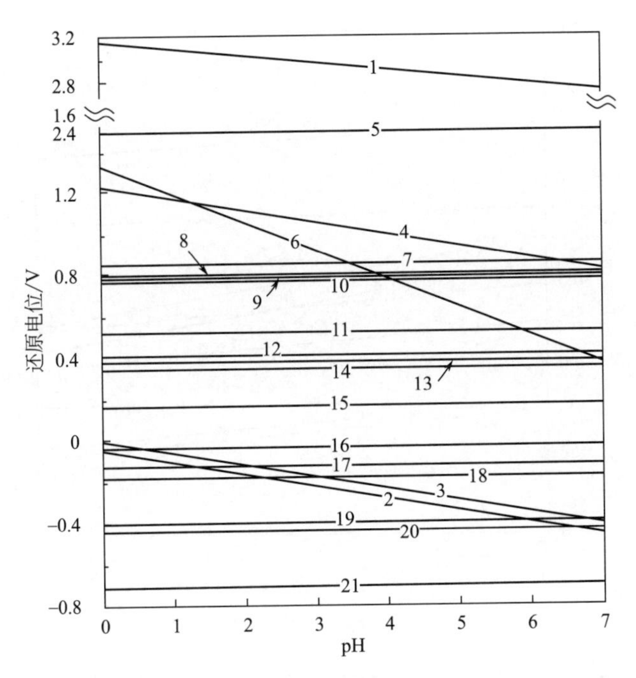

图 21-1 不同 pH 值下的 TiO_2 导带边、价带边位置和重金属离子的还原电位

1—E_{VB}；2—E_{CB}；3—ϕ（H^+/H_2）；4—ϕ（O_2/H_2O）；5—ϕAu^{3+}；6—ϕ（Cr^{6+}/Cr^{3+}）；7—ϕ（Hg^{2+}/Hg）；8—ϕ（Ag^+/Ag）；9—ϕHg_2^{2+}；10—ϕ（Fe^{3+}/Fe^{2+}）；11—ϕ（Cu^+/Cu）；12—ϕ（$HgCl_2/Hg$）；13—ϕ（$HgCl_4^{2-}/Hg$）；14—ϕ（Cu^{2+}/Cu）；15—ϕ（Cu^{2+}/Cu^+）；16—ϕ（Fe^{3+}/Fe）；17—ϕPb^{2+}；18—ϕ（Ni^{2+}/Ni）；19—ϕ（Cd^{2+}/Cd）；20—ϕ（Fe^{2+}/Fe）；21—ϕ（Cr^{3+}/Cr）

获。由前面热力学分析，pH 值降低不利于光催化还原的进行。如 Hg^{2+} 在碱性条件下更有利于光催化还原，反应的最佳 pH 值为 11。然而，Cr^{6+} 的还原效果在酸性条件下比在中性碱性条件下要好。从表面上来说，这和前述热力学分析不一致。事实上，随着 pH 值升高，Cr^{6+} 的表面吸附会下降。研究发现，随着 pH 值由 2.5 升高到 6.0，Cr^{6+} 在 TiO_2 催化剂表面上的暗态吸附率由 50%下降到 5%，所以 Cr^{6+} 的光催化还原在酸性条件下较好。

（3）电子给体的影响 从光催化还原机理来看，有机物电子给体的存在对重金属离子还原起着促进作用。有机物能够作为电子给体，被光生空穴直接或间接氧化，加速催化剂表面的电子空穴分离，提高了重金属离子对电子的捕获效率；而且电子给体的氧化反应往往是光催化还原重金属离子反应的控制步骤，电子给体加入量的多少直接影响重金属离子光催化还原效率的高低。在重金属离子的光催化还原实验中，常用的电子给体有甲醇、4-硝基苯酚、水杨酸、EDTA（乙二胺四乙酸）等有机物。电子给体对光催化还原效率的影响是不相同的。研究发现 Hg^{2+} 溶液中加入空穴捕获剂 EDTA，还原效果会比加入 4-硝基苯酚、甲醇、水杨酸好。这可

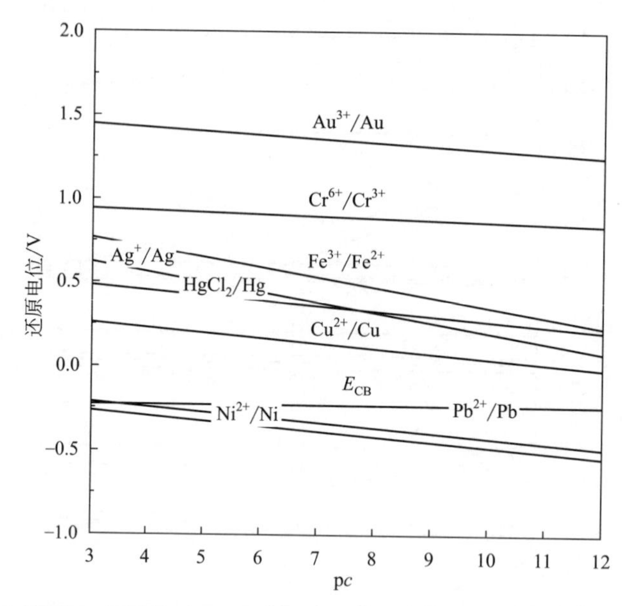

图 21-2　不同 pc 值下的 TiO_2 导带边、价带边位置和重金属离子的还原电位

能是由于 EDTA 可以直接捕获光生空穴，而 4-硝基苯酚、甲醇、水杨酸等不能直接捕获空穴，而是通过空穴氧化 H_2O 后的产物 $OH^{+}\cdot$ 再氧化来间接捕获。

（4）吸附影响　由于光催化还原反应发生在催化剂表面，重金属离子只有被催化剂表面吸附后，才能发生光催化还原反应，所以重金属离子在光催化剂表面的吸附率对光催化还原有着重要的影响。

三、实验设备与材料

1. 实验设备

pH 计、恒温振荡器、紫外可见分光光度计、原子吸收分光光度计紫外光源、玻璃仪器。

2. 实验材料

自制 TiO_2/活性炭、重铬酸钾、盐酸、NaOH、去离子水等。

四、实验内容和步骤

1. 含铬废水的配制和标准曲线的绘制

称取一定质量的重铬酸钾，溶解于 1L 去离子水中，混合均匀，浓度以元素铬酸根计，取不同体积的溶液于比色管中，依据国家环保局颁布的《水和废水监测方法（第四版）》中二苯碳酰二肼分光光度法测定六价铬的浓度，得到吸光度和六价铬浓度的关系。总铬浓度的测定采用火焰原子吸收分光光度法。

2. 平衡吸附实验

取一定浓度的吸附质溶液 100mL 于 250mL 的锥形瓶中，加入 TiO_2/活性炭 0.1g，按照设定好的温度，在避免光照的条件下，震荡吸附直至吸附质浓度保持恒定。达到平衡后，测定滤液中吸附质的浓度。分别采用公式(21-5) 和公式(21-6) 计算吸附率 $A\%$和平衡吸附量 q_e：

$$A\%=\frac{c_0-c_e}{c_0}\times 100 \tag{21-5}$$

$$q_e=\frac{(c_0-c_e)\times V}{W} \tag{21-6}$$

式中，c_0 和 c_e 分别为吸附质的初始浓度和平衡浓度，mg/L；V 为溶液的体积，L；W 为光催化剂的质量，g。

3. 光催化实验

吸附达到平衡后，用特定波长的紫外光源照射混合溶液，每隔一段时间取样。样品经离心分离后取上层清液，用二苯碳酰二肼分光光度法测定六价铬的浓度，总铬浓度的测定采用火焰原子吸收分光光度法。总铬离子的去除率 $R_1\%$和六价铬离子去除率 $R_2\%$分别用式(21-7)、式(21-8) 计算：

$$R_1\%=\frac{c_0-c_t}{c_0}\times 100 \tag{21-7}$$

$$R_2\%=\frac{c'_0-c'_t}{c'_0}\times 100 \tag{21-8}$$

式中，c_0 和 c'_0分别为总铬初始浓度和六价铬的浓度，mg/L；c_t 和 c'_t分别为 t 时刻的总铬浓度和六价铬的浓度，mg/L。

五、问题与讨论

1. 设计实验，考察吸附过程对光催化还原反应的影响。
2. 设计实验，考察有机染料和金属离子共存时它们之间的相互影响。

第四章 钙钛矿结构电磁材料性能研究及稀土离子掺杂改性综合实验

在科学界，人们通常将具有天然钙钛矿（$CaTiO_3$）结构、组成为 ABX_3 的复合化合物命名为钙钛矿结构类型化合物。该类结构的材料目前在光学、电磁学、催化、传感陶瓷等领域已具有广泛的应用。目前，人们发现的高温超导体材料在结晶学归属上也属于钙钛矿结构。

钙钛矿结构类型化合物的组成及结构一般比较复杂，所属晶系主要有正交、立方、四方、单斜等。简单钙钛矿结构具有 ABX_3 组成，其中 X 通常为半径较小的 O^{2-} 或 F^-，如 $LaCoO_3$、$SrFeO_3$、$LiBaF_3$ 等，而 A 通常是半径较大的稀土或碱土金属离子。标准钙钛矿化合物中 A 位或 B 位被其他金属离子取代或部分取代后可形成一定的电荷缺陷或发生适度的晶格扭曲，从而形成一类性能优异、用途广泛的新型功能材料，在压电、铁电、巨磁阻等方面具有重要的应用。

钛酸钡（$BaTiO_3$）是一种典型的钙钛矿结构化合物，也是电子陶瓷中使用最广泛的材料之一，被誉为“电子陶瓷工业的支柱”。钛酸钡具有高介电常数和低介电损耗，是一种强介电化合物。在 1460℃以上结晶得到的钛酸钡属于六方晶系结构，无铁电性能。随着温度的下降，钛酸钡晶体的对称性下降。当温度下降至 130℃以下时，钛酸钡发生顺电 - 铁电相变，表现出自发极化，从而具有铁电性能。理论计算表明，钛酸钡的自发极化主要来源于 Ti 的离子位移极化和氧八面体中其中一个 O 的电子位移极化。

钛酸钡的介电性能与其陶瓷的烧结温度、原料配比、晶粒大小等存在密切关系。本综合实验以钛酸钡陶瓷为研究对象，从其陶瓷烧结的原料配比、烧结温度、颗粒大小等方面对其陶瓷材料的介电性能进行详细分析，主要包括以下几个具体实验：

实验二十二　钙钛矿结构陶瓷材料的粉体制备实验
实验二十三　钛酸钡陶瓷材料成型及电极片制备实验
实验二十四　钛酸钡极片的介电性能测试实验
实验二十五　钛酸钡粉体稀土掺杂改性实验
实验二十六　钛酸钡粉体 SiO_2 包裹改性实验

实验二十二　钙钛矿结构陶瓷材料的粉体制备实验

一、实验目的

1. 掌握高温固相合成法和溶胶－凝胶法的基本原理。
2. 了解影响陶瓷粉体制备的因素。

二、实验原理

陶瓷材料的制备过程一般可分为三个主要阶段：陶瓷材料粉体制备、粉体样品压缩成型、陶瓷烧结成型，而粉体制备是陶瓷材料合成的首要工艺。

在陶瓷材料的制备过程中，高温固相合成法和溶胶－凝胶法是应用最为广泛的粉体合成方法。

高温固相合成法通常是指初始原料中至少有一种以固相形式存在，且产物颗粒在固体表面生成的合成方法。固相反应通过固体间接触部分的离子扩散来进行，因此固相反应受离子间的接触状态和各种原料颗粒的颗粒形状、颗粒大小及表面状态等因素的影响较大，而且高温固相反应通常需要在较高的温度下才能进行。

溶胶－凝胶法是通过溶液相使反应物混合，并在较低温度下进行反应，从而可以获得复合原料配比的均相和超纯材料。溶胶－凝胶法可以制备出分散性良好的粉体，粉体的形貌、结构、团聚程度等都可以通过改变先驱体和溶剂的种类、反应溶液 pH 值、反应温度等进行调控。

本实验将以钛酸四丁酯 $Ti(OC_4H_9)_4$ 和氢氧化钡 $Ba(OH)_2$ 为原料，乙二醇甲醚和甲醇为溶剂，采用溶胶－凝胶法制备钛酸钡粉体材料。

其基本原理是钛酸四丁酯的阴离子与钡离子发生中和反应，经聚合生成 $[Ti(OH)_6]^{2-}$ 配离子，该离子被有机物溶剂生成的有机物长链所分割包围。在随后的干凝胶煅烧过程中，有机物长链发生分解，使得该配离子在高温下分解，从而得到钛酸钡粉体。该过程中，凝胶的生成主要包括水解和缩聚两个过程，其反应方程式可表示为：

$$Ti(OC_4H_9)_4 + 4H_2O + Ba^{2+} + 2OH^- \longrightarrow Ba[Ti(OH)_6] + 4C_4H_9OH \quad (22\text{-}1)$$

$$Ba[Ti(OH)_6] \xrightarrow{\text{高温}} BaTiO_3 + 3H_2O \quad (22\text{-}2)$$

三、实验设备和材料

1. 实验设备

球磨机、高温箱式电阻炉、恒温磁力搅拌器、电热恒温干燥箱、X 射线衍射仪、扫描电子显微镜、电子天平、玻璃器皿。

2. 实验材料

钛酸四丁酯、氢氧化钡、乙二醇甲醚、甲醇、去离子水、无水乙醇。

四、实验内容和步骤

1. 称取 7.5g 氢氧化钡溶入 30mL 乙二醇甲醚中，充分振荡使之形成均匀的溶液。

2. 取 14.88g 钛酸四丁酯溶入 30mL 甲醇溶液中，充分搅拌形成均匀的混合溶液。

3. 将上述两种溶液混合后充分搅拌，使其充分互溶形成溶胶，然后加入少量水使其形成凝胶。

4. 对所制备凝胶在恒温干燥箱内 80℃干燥 24h。

5. 将烘干后样品在 500～800℃煅烧 4h。

6. 对所制备的粉体材料进行 XRD 和 SEM 表征、分析。

五、实验报告

1. 写出简要的实验原理及实验步骤。

2. 详细记录实验过程中反应物的变化。

六、问题与讨论

1. 查阅相关文献，说明钛酸钡的特性及其应用。

2. 钛酸钡粉体还有哪些制备方法？

实验二十三　钛酸钡陶瓷材料成型及电极片制备实验

一、实验目的

1. 掌握粉末原料压缩成型的基本原理和过程。

2. 了解影响成型和烧结的基本因素。

二、实验原理

本实验在实验二十二的基础上，将实验二十二所制备获得的钛酸钡粉末进行模压成型，然后经高温烧结获得满足介电性能测试要求的钛酸钡陶瓷片。本实验主要包括两大步骤：压缩成型和陶瓷烧结。

（1）粉体压缩成型　陶瓷材料的成型工艺有很多种方法，如模压成型法、挤出成型法、转动成型法及喷墨成型法等，其中模压成型（或干压成型）是工业上普遍应用的一种方法。模压成型就是将一定量的干粉坯料或预混料填充入金属模腔内，对模具进行施压以使其成为致密坯体的方法。

模压成型与其他成型方式相比，对原料造成的损失较小、获得产物堆密度较高，在后续烧结过程中可以降低最终产物的气孔率，而且获得的成型产物大小均匀、质量均一。模压法可以采用干粉成型，也可以添加适量胶黏剂成型，成型效率高，产物重复性好。

在粉料模压成型过程中，粉体的可压缩性、粉体的粒度分布及成型过程中添加的助剂等都会对最终成型产物的质量产生影响。一般来说，粒径较小、压缩性较强的粉体经模压成型后所得产物孔隙率较小，强度较高。

（2）陶瓷烧结　烧结过程是形成陶瓷片的最重要阶段。陶瓷烧结是指陶瓷粉体模压成型片在高温作用下发生一系列物理、化学变化，由松散状态逐渐致密化，力学性能也得到大大提高的过程。随着烧结过程中温度的升高，陶瓷坯体中具有大比表面积、高表面能的颗粒，不断向降低表面能的方向进行物质迁移。在此过程中，晶界随之移动，气孔逐渐排除，坯体产生收缩，最终得到具有一定强度和力学性能的致密瓷体。

三、实验设备和材料

1. 实验设备

高温箱式电阻炉、红外压片机、扫描电子显微镜、电子天平、玛瑙研钵、游标卡尺、玻璃器皿等。

2. 实验材料

钛酸钡粉末、无水乙醇、聚乙烯醇（PVA）。

四、实验内容和步骤

1. 称取 2g 钛酸钡粉末于玛瑙研钵中，加入 1 滴 PVA 溶液，经充分研磨使粉末润湿。
2. 将混合好的物料经烘箱烘干后研磨成粉末，然后装入压片机模具内，在压片机上以不同压力进行压片。
3. 对脱模后所得样片进行厚度和直径测量，并记录压力等相关数据。
4. 将所得样片放入箱式炉内，设置升温速率为 10～15℃/min，烧结温度 1300℃，保温 1h。
5. 自然冷却至室温后将样品取出，测量其厚度及直径，并记录相关数据。
6. 对陶瓷片进行 SEM 表征和分析。

五、实验报告

1. 写出简要的实验原理及实验步骤。
2. 详细记录实验过程中称取物料的质量、陶瓷片的相关数据，填入表 23-1 内。

表 23-1 钛酸钡模压成型及陶瓷烧结实验记录

试样序号	物料质量/g	模压成型片		烧结陶瓷片	
		厚度/mm	直径/mm	厚度/mm	直径/mm
1					
2					
3					

六、问题与讨论

1. 模压成型和陶瓷烧结的过程一般包括哪些步骤？
2. 查阅相关资料，说明颗粒大小和烧结温度对钛酸钡陶瓷片性能的影响。

实验二十四 钛酸钡极片的介电性能测试实验

一、实验目的

1. 掌握介电材料的极化、介电性能及其表示方法。
2. 掌握利用精密阻抗分析仪对材料的介电性能进行测试的方法。

二、实验原理

物质都是由带正、负电荷的粒子构成的，如果将物质置于电磁场中，其中的带电粒子则会因电磁场力的作用而改变其分布状态。这种改变从宏观效应上看，表现为物质对电磁场的极化、磁化和传导响应，其中主要表现为极化的物质称为电介质，其特性以复介电常数 $\varepsilon=\varepsilon_r\varepsilon_0=\varepsilon'-j\varepsilon''$ 来表示。其中实部 ε' 表示介质在电磁场作用下产生的极化的程度；ε'' 则分别表示材料电偶极矩产生重排引起损耗的量度，而 ε_0 则表示真空中的介电常数，且有：

$$\varepsilon_0=8.854\times10^{-12}\mathrm{F/m} \tag{24-1}$$

另外可定义介电损耗角正切（loss tangent）为：

$$\tan\delta_e=\varepsilon''/\varepsilon' \tag{24-2}$$

式中，δ_e 表示电感应场 D 相对于外加电场的滞后相位。

介电损耗角正切还可以表示成电导率 σ 的函数：

$$\tan\delta_e = \frac{\varepsilon''}{\varepsilon'} = \frac{\sigma}{\omega\varepsilon_0\varepsilon'} = \frac{\text{传导电流密度}}{\text{位移电流密度}} \tag{24-3}$$

由此也可得知，角频率 ω 与损耗因数的乘积决定着材料的电导率，$\sigma = \omega\varepsilon_0\varepsilon''$。

1. 介电常数

介电常数（permittivity）描述的是材料与电场之间的相互作用。对于如图 24-1 所示的平行板电容器，当在两板间施加电压 U 时，两板上的电荷 Q_0 与所施加的电压成正比，比例系数 $C_0 = Q_0/U$ 称为电容（capacitance）。若平行板电容器的平板面积为 S，两板间距为 t，则电容器的电容 C_0 可以表示为：

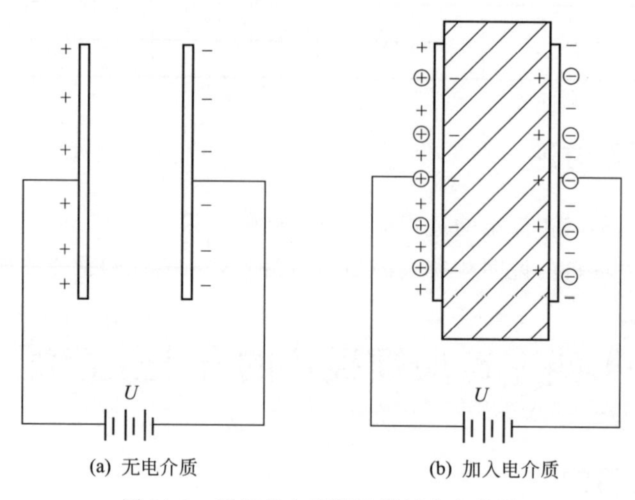

图 24-1　平行板电容器法测试介电常数

$$C_0 = \varepsilon_0 \frac{S}{t} = \frac{Q_0}{U} \tag{24-4}$$

式中，ε_0 是真空中的介电常数。

当电容器的两平行板间填充另外一种介质时，介质中的电荷不可能像导体般传递过去，但材料内部带正负电荷的各种质点受电场力的作用将会发生相互的位移，形成许多电偶极矩，即产生极化作用（polarization）。结果就在材料的表面感应出异性电荷，这部分异性电荷中和了电容器极板上的部分电荷，故在相同电压条件下，增加了电荷的容量。假设电荷增加了 Q_1，即 $Q_0 + Q_1 = CU$，此时电容器容量也随之增加。此时的电容可以表示为：

$$C = \varepsilon \frac{S}{t} = \frac{Q_0 + Q_1}{U} \tag{24-5}$$

此处的参数 ε 即为该填充介质的介电常数。由介质材料的添加所引起的电容量增加的比例，我们称之为介质的相对介电常数，表示为：

$$\varepsilon_r = \frac{\varepsilon}{\varepsilon_0} = \frac{C}{C_0} = \frac{Q_0 + Q_1}{Q_0} \tag{24-6}$$

对于介质的相对介电常数 ε_r，也简称为介电常数。我们平时所指的介电常数都是指介质或材料的相对介电常数，并表示为：

$$\varepsilon_r=\frac{\varepsilon}{\varepsilon_0}=\varepsilon_r'-j\varepsilon_r'' \tag{24-7}$$

一些常见物质的介电常数如表 24-1 所示。

表 24-1　一些常见物质在室温下的介电常数

物质	介电常数	物质	介电常数	物质	介电常数
空气	1.0	湿土	8～15	尼龙	4～5
水(0℃)	88	碳酸钙	6.1～9.1	沥青	4～5
水(20℃)	80.4	混凝土	6～8	干砂	3～6
水(100℃)	55.3	金刚石	5.5～10.0	蜂蜡	2.7～3.0
水(200℃)	34.5	花岗岩	5～8	石英	2.5～4.5
冰	3.2	碎石	5.4～5.6	石蜡	2.5
乙醇	25	水泥	4～5	聚苯乙烯	1.05～1.5

2. 测试原理

本实验中，我们采用 AgilentE4991A 精密阻抗分析仪利用电容法对材料的介电常数进行测试。其测试原理如图 24-2 所示。

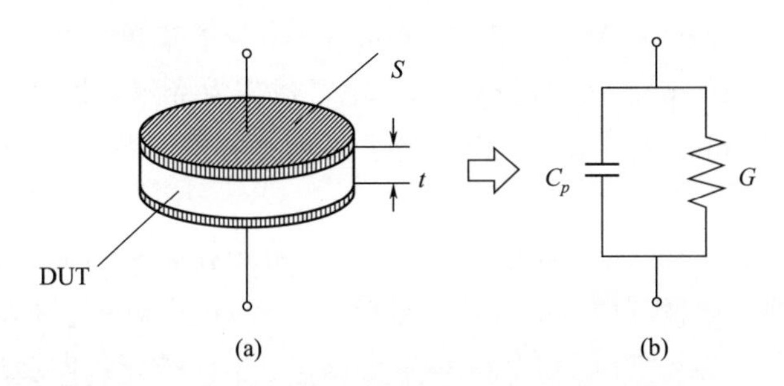

图 24-2　电容法测试材料介电常数的等效电路

图 24-2(a) 中 DUT 表示待测试样（device under test），其厚度为 t，S 表示与被测试样表面接触的电极的面积。被测试样可以等效为一个包含平行电容（C_p）和平行电导（G）的等效电路［如图 24-2(b) 所示］。

等效电路图中的导纳可以分别表示为：

$$Y*=G+j\omega C_p=j\omega\left(\frac{C_p}{C_0}-j\frac{G}{\omega C_0}\right)C_0 \tag{24-8}$$

于是，材料的复介电常数可以表示为：

$$\varepsilon_r^*=\frac{C_p}{C_0}-j\frac{G}{\omega C_0}=\varepsilon_r'-j\varepsilon_r'' \tag{24-9}$$

由此可以得到介电常数的实部和虚部分别为：

$$\varepsilon_r' = \frac{C_p}{C_0} = \frac{tC_p}{\varepsilon_0 S}, \varepsilon_r'' = \frac{G}{\omega C_0} = \frac{t}{\omega \varepsilon_0 S R_p} \tag{24-10}$$

式中，R_p 表示等效电阻。

三、实验设备和材料

1. 实验设备

精密阻抗分析仪 Agilent E4991A、测试夹头 Test Head、测试所需夹具 Agilent16453A、鼠标、键盘、游标卡尺。

2. 实验材料

待测钛酸钡陶瓷片。

四、实验内容和步骤

1. 待测参数设置

（1）将鼠标、键盘及测试夹头与阻抗分析仪连接后，打开仪器电源，将仪器预热 30min 以上。

（2）选择仪器右下角的 System 主菜单下的 Preset 键，将仪器回复至初始状态。

（3）打开"Utility - Materials Option Menu"子菜单，在"Material Type"选项中选择"Permittivity"，即选择材料介电常数作为待测参数。

（4）打开"Stimulus - Start/Stop…"菜单选择测试频段的起始频率范围为 1MHz～1GHz。

（5）打开"Stimulus - Sweep Setup…"菜单选择频率扫描类型，在"Sweep Parameter"选项中选择"Frequency"，选择其"Sweep Type"为 Log 格式。

（6）在"Display - Num of Traces"中选择"2 Scalar"，即选择两个矢量（ε' 和 ε''）进行测试。

2. 对仪器进行校准

在对材料的介电常数进行测试之前，需要对仪器和测试夹具进行校准。

（1）连接测试夹具 16453A 与测试夹头（Test Head），然后打开"Stimulus—Cal/comp…"菜单中的"Cal Kit Menu"选项，在"Thickness"选项中输入标准试样的厚度"0.78mm"，在其中的"Fixture Type"选项中选择"16453A"作为测试夹具。

（2）选择"Cal Menu"菜单，对仪器进行短路、开路和负载校准。负载即为 PTFE 标准试样，其厚度为 780μm。

（3）校准完毕后，在"Meas Short""Meas Open"和"Meas Load"选项前面

应该有一个“√”标记。然后单击“Done”按钮，校准过程全部结束，此时屏幕下方的“Uncal”会变为“CalFix”。

3. 待测样品的测试

对仪器进行校准以后，即可对待测样品进行介电常数测试。因为一般测试的样品与标准样品的厚度不同，因此在测试前首先确定试样的厚度。

（1）打开“Stimulus—Cal/comp…”菜单下的“Cal Kit Menu”选项，在“Thickness”选项中输入待测试样的厚度。

（2）提起16453A夹具的上端把手，将待测钛酸钡试样放入夹具两电极间，然后松开把手，保证两电极与试样表面接触良好，此时阻抗分析仪屏幕上显示的即为试样的介电常数曲线，如图24-3所示。

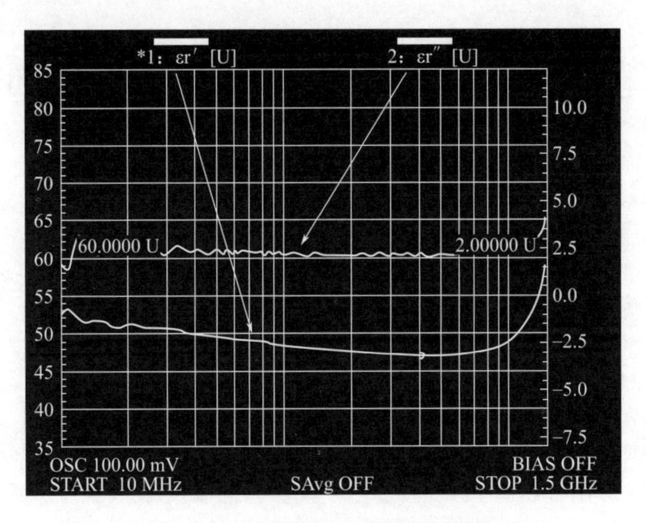

图24-3 材料的介电常数测试曲线

4. 测试数据保存

（1）打开“System—Save/Recall”菜单，可以选择其中的“Save Data”或“Save Graphics”保存测试数据或测试图表。

（2）若是保存测试数据，在弹出的“Save Data”对话框中，选择要保存数据的文件名称和保存路径，在“ASCⅡ/Binary”选项中选择ASCⅡ格式。

（3）若需要保存图像格式，则在弹出的“Save Graphics”对话框中，选择要保存图像的文件名称和保存路径，在“Format”选项中选择Jpeg格式。

5. 仪器的关闭

（1）将测试样品从测试夹具中取出，将测试夹具从测试夹头（Test Head）上取下放回原处。

（2）关闭阻抗分析仪的电源按钮，然后关闭总电源。

五、实验报告

1. 实验课前认真预习实验讲义和相关教材，掌握测试的基本步骤，能够独立操作E4991A进行材料介电常数的测试。

2. 记录实验所测钛酸钡陶瓷片尺寸，利用绘图软件画出介电常数随频率的变化曲线。

六、问题与讨论

1. 测试材料的介电常数对样品的表面有何要求？

2. 样品厚度对测试结果有何影响？

实验二十五　钛酸钡粉体稀土掺杂改性实验

一、实验目的

1. 掌握高温固相合成法和溶胶-凝胶法的基本原理。

2. 了解影响陶瓷粉体制备的因素。

二、实验原理

钛酸钡（$BaTiO_3$，BTO）陶瓷是高介电陶瓷电容器的主要原材料，作为一种典型的钙钛矿结构化合物，其具有压电、铁电、正温度系数效应和高介电常数等一系列良好的电学性能。纯的BTO陶瓷在室温下的介电常数约为1400，且随温度的变化比较小。当温度达到居里点附近时，其介电常数会随温度的增加而快速下降。如果在BTO中掺杂适量其他金属元素离子或其他添加剂，则可以改善材料的晶粒结构，提高材料的绝缘能力，并有效改善材料的温度特性。其中，稀土元素是BTO陶瓷中最常见的掺杂物，可以提高陶瓷的介电常数，降低其电阻率，改善陶瓷的温度效应。

自从发现在纯BTO陶瓷中掺杂稀土元素可降低其电阻率，从而可使得BTO陶瓷呈现出半导体特性以来，人们已做了大量研究，深入探讨了稀土元素作为施主杂质掺杂与BTO陶瓷材料后材料介电性能的变化。研究表明，稀土元素掺杂不仅能降低BTO陶瓷的电阻率，改进材料的温度特性和介电性能，而且稀土离子的半径大小会直接影响改性效果，主要表现为以下几个方面。

1. 对晶体结构的影响

稀土元素掺杂不会改变BTO陶瓷的钙钛矿结构，但由于各稀土离子半径的不同，掺杂后会对 BTO 的晶格产生一定的影响。当稀土离子半径较小时，陶瓷材料在 45°附近的两个衍射峰会彼此之间分开，晶体结构中出现四方相特性，导致陶瓷材料的铁电性能较好。当稀土离子半径逐渐增大时，这两个衍射峰会慢慢靠近直至最后合并，晶体结构的四方相特性弱化，呈现赝立方特性，此时得到的为铁电相与顺电相的混合相。BTO 陶瓷的晶体结构不仅受稀土离子半径大小影响，受稀土元素掺杂浓度的影响也较大。

2. 对晶粒大小的影响

由于稀土离子的半径和电价均匀 Ti^{4+} 和 Ba^{2+} 不同，当稀土离子取代 BTO 结构中的 Ti^{4+} 和 Ba^{2+} 时，为了保持电价平衡就会有一定浓度的空位产生。空位的存在会引起晶格畸变，晶格畸变则需要消耗部分能量，因此掺杂于 BTO 陶瓷中的稀土元素容易在晶界附近偏析。稀土离子富集于晶界处，会抑制晶粒的继续生长，从而起到细化晶粒的作用。由此说明，稀土元素可以作为 BTO 陶瓷的晶粒生长抑制剂，有利于获得 BTO 微晶结构。

3. 对电学性能的影响

BTO 陶瓷中掺杂稀土元素离子后，会使得 BTO 陶瓷电阻率快速降低，呈现出半导体性质。当半径较小的稀土离子取代 Ba^{2+} 后，会产生晶格收缩，增大陶瓷材料内部的内应力，此时不仅可以使 BTO 陶瓷的温度特性得到改善，还使得材料的介电常数得到提高，并使其介电常数的温度曲线保持相对平缓。大半径稀土离子对 BTO 陶瓷的掺杂改性属于化学均匀性改性，这种掺杂作用不会明显改变 BTO 陶瓷的介电性能，在宏观上表现为介温曲线的居里峰展宽且向低温区移动。

一般来说，随着稀土元素掺杂浓度的增加，BTO 陶瓷的电阻率会出现先降后增的现象。当稀土元素处于最佳掺杂浓度时，材料的电阻率处于最低值。

三、实验设备和材料

1. 实验设备

球磨机、高温箱式电阻炉、恒温磁力搅拌器、电热恒温干燥箱、X 射线衍射仪、扫描电子显微镜、电子天平、玻璃器皿。

2. 实验材料

钛酸四丁酯、醋酸钡、冰醋酸、醋酸稀土（镧、铈）、去离子水、无水乙醇。

四、实验内容和步骤

1. 取适量钛酸四丁酯溶于无水乙醇中，在室温下搅拌，然后滴加冰醋酸，得到近乎透明的溶液 A。

2. 按照钛钡比（摩尔比）1∶1 称取定量的醋酸钡，然后按照醋酸钡摩尔比 1∶(0.001～0.005)的比例称取定量的醋酸稀土，并将醋酸钡和醋酸稀土溶于适量去离子水中，配成溶液B。

3. 在强烈搅拌条件下，将配置好的B溶液逐滴缓慢滴加到溶液A中。

4. 滴加完毕后继续对混合溶液进行搅拌，用冰醋酸调节溶液的pH值为4～5；待水解完全后可得到透明溶液C。

5. 将溶液C置于70℃恒温水浴中，使溶液凝胶化。待其老化后，将所得凝胶在真空干燥箱中干燥24h。

6. 将干凝胶在行星式球磨机中球磨，然后在箱式电阻炉中煅烧，即可得到稀土掺杂钛酸钡粉体。

7. 对所制备的稀土掺杂钛酸钡粉体进行XED、SEM表征，并对其介电常数进行测试。

五、实验报告

1. 写出反应过程中的化学方程式。
2. 掺杂前后材料介电常数进行比较并简单分析测试结果。

六、问题与讨论

1. 制备过程中调节pH值有什么作用？
2. 稀土元素掺杂对钛酸钡粉体的介电性能会有哪些影响？

实验二十六　钛酸钡粉体 SiO_2 包裹改性实验

一、实验目的

1. 掌握钛酸钡粉体的液相包裹表面改性的基本原理。
2. 了解陶瓷粉体 SiO_2 表面包裹改性的方法。

二、实验原理

为了控制颗粒的晶界，降低颗粒的粒径，在母体颗粒表面涂覆一层改性添加物，在后续的烧结过程中颗粒表面就形成了一层晶界层，这一过程称为颗粒的表面改性技术。在液相环境下通过化学反应在颗粒表面形成一层改性添加剂，称为液相包裹技术。液相包裹法一般有溶胶-凝胶法、非均匀形核法、沉淀法、化学镀法等。

液相包裹技术有两个主要技术点：①将制备好的液态改性剂盐溶液与陶瓷粉体充分混合；②将制备好的包裹粉体置于干燥的环境中，进行充分干燥，使添加物包裹与每个分离的颗粒表面进行结晶，再在合适的温度下处理，就形成了颗粒的表面包裹改性。

用 SiO_2 膜包覆钛酸钡粉体进行改性，一般可采用溶胶–凝胶法。反应中以无水乙醇为溶剂，正硅酸乙酯（TEOS）为硅源，利用 TEOS 的水解缩聚反应和钛酸钡在水中的弱水解反应：

$$Si(OCH_2CH_3)_4 + 2H_2O \longrightarrow SiO_2 + 4CH_3CH_2OH \tag{26-1}$$

$$BaTiO_3(s) + H_2O \longrightarrow Ba^{2+}(aq.) + TiO_2(s) + 2OH^-(aq.) \tag{26-2}$$

由于 TiO_2 与 SiO_2 有较好的亲和能力，SiO_2 易于在 TiO_2 表面包覆成膜，因此钛酸钡的弱水解作用有利于 SiO_2 的包覆。通过控制溶胶–凝胶过程的速度和时间等参数可以获得不同厚度的 SiO_2 包覆膜。

三、实验设备和材料

1. 实验设备

球磨机、高温箱式电阻炉、恒温磁力搅拌器、电热恒温干燥箱、X 射线衍射仪、扫描电子显微镜、电子天平、锥形瓶。

2. 实验材料

钛酸四丁酯、钛酸钡、氨水、去离子水、无水乙醇。

四、实验内容和步骤

1. 取适量钛酸钡粉体超声分散于 35mL 无水乙醇中，转入锥形瓶并经充分搅拌后，缓慢加入一定量的钛酸四丁酯溶液。

2. 将氨水溶液以十秒每滴的速度缓慢滴入锥形瓶内，使溶液的 pH 值最终保持在 8～9。

3. 量取 8mL 去离子水缓慢加入上述溶液内。

4. 将反应后溶液转入真空干燥箱内干燥 24h。

5. 干燥后的粉体经研磨后在箱式电阻炉内于 600℃焙烧 2h，即可得 SiO_2 包覆钛酸钡粉体。

6. 对所制备的稀土掺杂钛酸钡粉体进行 XED、SEM 表征，并对其介电常数进行测试。

五、实验报告

记录反应过程中锥形瓶中溶液的变化及其对应的化学方程式。

六、问题与讨论

1. 制备过程中为什么要调节 pH 值为 8～9?

2. 经 SiO_2 包覆后对钛酸钡粉体的介电性能会有哪些影响?

第五章 高分子化学与高分子物理综合实验

高分子化学与高分子物理综合实验是材料化学和材料加工工程专业教学的重要实践环节，是本科生今后从事专业技术工作或进一步深造的基本训练之一，该课程的目的是：使学生进一步巩固和加深高分子化学与高分子物理的理论知识，进一步提高运用知识独立分析问题和解决问题的能力，并注意加强综合设计及创新能力的培养，注重培养学生严谨的科学态度、科学的思维方法和实际动手能力，为以后的学习和工作打下基础。

通过高分子化学与高分子物理综合实验的学习，能够熟练和规范地进行高分子合成的基本方法，掌握实验技术和基本技能，掌握高分子表征的基本方法，了解高聚物结构和性能的关系，为以后的科学研究和生产实践工作打下坚实的实验基础。聚乙烯醇缩甲醛的制备与表征是具有代表性的高分子化学与高分子物理综合实验。

聚乙烯醇缩甲醛为白色或黄色无定形固体，其软化点比同系的缩醛物高，强度和刚性都较大，并且有良好的黏结性能。它的最大用途就是作绝缘漆包线涂层，还可作胶黏剂，用于各种金属、木材、橡胶、玻璃层压塑料之间的黏结，同时还可以作为纤维使用，又称为维尼纶，纤维性能极似棉花而强度比棉花还好，适合作各种衣料和各种工业用布。

本章实验首先采用溶液聚合法合成聚乙酸乙烯酯（PVAC），　然后乙酸乙烯酯在碱性催化下醇解为聚乙烯醇（PVA），并测定其醇解度和分子量。最后将醇解得到的聚乙烯醇和甲醛反应得到聚乙烯醇缩甲醛，并采用旋转黏度计测定其溶液黏度，具体包括以下几个实验：

实验二十七　乙酸乙烯酯乳液聚合实验

实验二十八　聚乙酸乙烯酯的醇解实验

实验二十九　聚乙烯醇的醇解度的测定实验

实验三十　聚乙烯醇的分子量的测定实验

实验三十一　聚乙烯醇缩甲醛的制备实验

实验三十二　聚乙烯醇缩甲醛水溶液黏度的测定实验

实验二十七　乙酸乙烯酯乳液聚合实验

一、实验目的

1. 了解乳液聚合的基本原理、配方及各组分所起的作用。
2. 掌握乙酸乙烯酯的乳液聚合方法。

二、实验原理

乳液聚合是单体借助乳化剂和机械搅拌，使单体分散在水中形成乳液，再加入引发剂引发单体的聚合反应。其主要成分是单体、分散介质、乳化剂和引发剂等，单体为油溶性单体，一般不溶于水或微溶于水。分散介质为无离子水，以避免水中的各种杂质干扰引发剂和乳化剂的正常作用。引发剂主要是油溶性或水溶性引发剂。油溶性引发剂主要有偶氮引发剂，如偶氮二异丁腈、偶氮二异戊腈、偶氮二环乙基甲腈等，水溶性引发剂主要有过硫酸盐、氧化还原体系、偶氮二异丁脒盐酸盐等。乳化剂是可使互不相容的油与水转变成难以分层的乳液的一类物质，是决定乳液聚合成败的关键组分。乳化剂通常是一些亲水的极性基团和疏水（亲油）的非极性基团两者性质兼有的表面活性剂，它起着降低溶液界面张力、增溶、乳化的作用，使单体容易分散成小液滴，并在乳胶粒表面形成保护层，防止胶粒凝聚。根据极性基团的性质可将乳化剂分为阴离子型、阳离子型、两性型和非离子型几类。

除以上主要组分，根据需要有时还加入一些其他组分，如 pH 调节剂、分子量调节剂等。

乳液聚合的一个显著特点是引发剂与单体处于两相，引发剂分解形成的活性中心只有扩散进增溶胶束才能进行聚合，通过控制这种扩散，可增加乳胶粒中活性中性寿命，因而具有以下优点：

① 聚合速度快，产品分子量高；

② 用水作分散剂介质，有利于传热控温；

③ 反应达高转化率后乳聚体系的黏度仍很低，分散体系稳定，较易控制和实现连续操作；

④ 胶乳可以直接用作最终产品。

另一方面，乳液聚合也存在以下缺点：

① 聚合物分离析出过程繁杂，需加入破乳剂或凝聚剂；

② 反应器壁及管道容易挂胶和堵塞；

③ 溶剂分离回收费用高，除净聚合物中残留溶剂困难。

工业上的乳液聚合多用于聚合物溶液直接使用的场合，如涂料、胶黏剂、合成纤维纺丝液、继续进行化学反应等。此外，乳液聚合有可能消除凝胶效应，在实验室内作动力学研究，有其方便之处。选用链转移常数小的溶剂，容易建立稳态，便于找出聚合速率、分子量与单体浓度、引发剂浓度等参数之间的定量关系。

本实验采用水溶性的过硫酸盐为引发剂，为使反应平稳进行，单体和引发剂均需要分批加入。聚合中为了加强乳化效果和提高乳液稳定性，常采用两种乳化剂综合使用，一般采用聚乙烯醇 PVA-1788 和聚乙二醇辛基苯醚 OP-10 两种非离子型乳化剂。

三、实验设备和材料

1. 实验设备

三口烧瓶（1000mL）、球形冷凝管（30cm）、滴液漏斗（125mL）、恒温水浴锅、机械搅拌器、温度计、量筒（1000mL、100mL）、烧杯（1000mL、500mL）、电子天平、恒温干燥箱、培养皿。

2. 实验材料

乙酸乙烯酯、过硫酸铵、聚乙烯醇 PVA-1788、聚乙二醇辛基苯醚 OP-10、蒸馏水。

四、实验内容和步骤

1. 实验步骤

（1）将 0.4g 引发剂过硫酸铵溶液于 12mL 的蒸馏水中，待用。将 15g 醇解度为 88%的聚乙烯醇溶解在 13.6mL 蒸馏水中配制成 10%的 PVA-1788 水溶液，先浸泡 30min，然后加热使其完全溶解。

（2）在 1000mL 三口烧瓶中加入 PVA-1788 的 10%的水溶液 150g、OP-101.2g、蒸馏水 176mL。

（3）在三口烧瓶上安装好机械搅拌器、滴液漏斗、冷凝管，如图 27-1 所示。然后将三口烧瓶、温度计置于恒温水浴锅里。

（4）开动搅拌器，用水浴升温到 65℃，加入第一批步骤（1）中配制好的引发剂溶液 4mL，待完全溶解后用滴液漏斗滴加酯酸乙烯，控制好滴加速度，先慢后快。调节温度慢慢升到 70℃，继续保温反应 1h 后，加入第二批引发剂 4mL，再继续反应 1h 后，加入第三批引发剂 4mL，在 2h 内将 136g 的酯酸乙烯单体滴加完。

（5）然后调节温度到 72℃，在此温度下保温反应 10min，缓慢升温到 75℃，在此温度下保温反应 10min，再调节温度到 78℃，在此温度下保温反应 10min，最

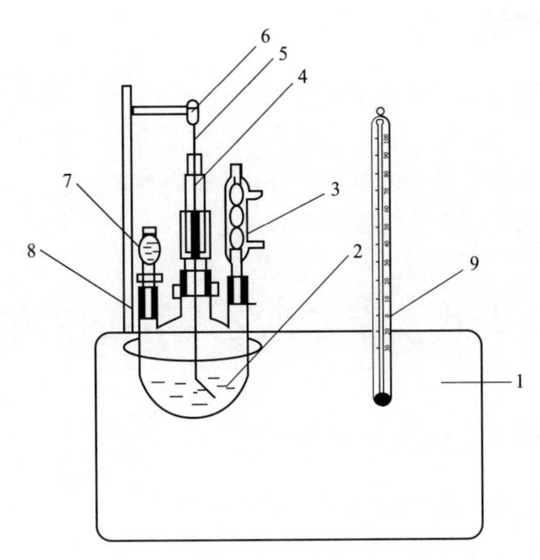

图 27-1　乙酸乙烯酯乳液聚合实验装置

1—恒温水浴锅；2—三口烧瓶；3—冷凝管；4—液封；5—搅拌棒；
6—机械搅拌器；7—滴液漏斗；8—电机支架；9—温度计

后缓慢升温到 80℃，在此温度下保温反应 10min。

（6）撤掉水浴，自然冷却到 40℃，停止搅拌，出料。

（7）测固含量：取 2g 乳浊液（误差为±0.002g）置于烘至恒重的培养皿上，放于 100℃的恒温干燥箱中烘至恒重，计算固含量和转化率。

$$固含量=\frac{干燥后样品质量}{干燥前样品质量}\times 100\%$$

$$转化率=\frac{固含量\times 产品质量-聚乙烯醇质量}{单体质量}\times 100\%$$

2. 注意事项

（1）严格控制各阶段的反应温度，否则温度过高，会使单体损失。升温不宜过快，否则容易结块，导致实验失败。

（2）严格控制搅拌速度，否则将使溶液乳化不完全。

（3）严格控制滴加速度，特别是开始阶段，不能滴加过快，否则乳液中易出现块状，导致实验失败。

五、实验报告

1. 按照操作步骤进行实验，并将各操作步骤的具体时间及出现的现象记录于原始记录本上。

2. 计算固含量及转化率。

六、问题与讨论

1. 在乳液聚合过程中，乳化剂的作用是什么？主要有哪些类型？各自的结构特点是什么？

2. 乳化剂浓度对聚合反应速率和产物分子量有何影响？

3. 可采取什么措施来保持乳液体系的稳定？

实验二十八　聚乙酸乙烯酯的醇解实验

一、实验目的

1. 通过实验掌握聚乙酸乙烯酯醇解的方法原理。

2. 了解影响醇解程度的因素。

二、实验原理

聚乙烯醇是一种高分子聚合物，无臭、无毒，外观为白色或微黄色絮状、片状或粉末状固体。分子式为$\text{-}[C_2H_4O]\text{-}_n$。聚乙烯醇是一种十分独特的水溶性高分子聚合物，具有较好的化学稳定性及良好的绝缘性、成膜性。具有多元醇的典型化学性质，能进行酯化、醚化及缩醛化等反应。由于其具有许多优异的基本性质，使其被广泛应用在拉丝、成膜、胶黏剂、上浆剂等方面。聚乙酸乙烯酯（PVAc）的醇解是制备聚乙烯的主要制备方法。

聚乙酸乙烯酯（PVAc）的醇解可以在酸性或碱性的催化下进行，用酸性醇解时，由于痕量级的酸很难从 PVA 中除去，而残留的酸可加速 PVA 的脱水作用，使产物变黄或不溶于水，所以一般均采用碱性醇解法。其醇解原理如下：

$$PVAc + nCH_3OH \xrightarrow{NaOH} PVA + nCH_3COOCH_3 \tag{28-1}$$

聚乙酸乙烯酯的碱法醇解可分为湿法（高碱）和干法（低碱）两种，湿法醇解就是在原料聚乙酸乙烯甲醇溶液中，含有1%～2%的水，催化剂碱也配制成水溶液。碱对聚乙酸乙烯中单体链节的质量分子比大。湿法醇解的特点是反应速率快、设备生产能力大、体积小，缺点是副反应多，生成的乙酸钠也多，其反应方程式如下：

$$PVAc + nNaOH \longrightarrow PVA + nCH_3COONa \tag{28-2}$$

在含水量较多时，上述副反应就会显著地进行，会消耗大量的催化剂 NaOH，从而降低了催化剂对主反应［式（28-1）］的催化效果，使醇解反应进行不完全，影响 PVA 的着色，降低了产品质量。因而为了避免这种副反应的产生，对物料中的含水量要有严格的要求，一般应控制在5%以下。

干法醇解就是聚乙酸乙烯甲醇溶液中不含水，碱也溶解在甲醇中，碱质量分子比低（只有0.018）。干法醇解的优点是克服湿法醇解的缺点，但它的醇解速度慢，物料停留时间长，给生产的连续化造成困难。

在PVAc醇解反应中，由于生成的PVA不溶于甲醇中，所以呈絮状物析出，所以，醇解到一定程度时会观察到明显的相转变，此时，大约有60%的乙酰基已被羟基取代。

三、实验设备与材料

1. 实验设备

三口烧瓶1000mL、球形冷凝管、恒温水浴锅、机械搅拌器、温度计、量筒（1000mL、100mL）、烧杯（1000mL、500mL）、电子分析天平、布氏漏斗、抽滤装置、恒温干燥箱、表面皿。

2. 实验材料

聚乙酸乙烯酯（实验二十七制备）、无水甲醇、NaOH。

四、实验内容和步骤

1. 实验步骤

（1）配制3%的NaOH-CH_3OH溶液，称取3g的NaOH溶解于122mL的无水甲醇中，待用。

（2）在三口烧瓶上安装好机械搅拌器、冷凝管，如前文图27-1所示。然后将三口烧瓶、温度计置于恒温水浴锅里。

（3）先从滴液漏斗加入360mL的无水甲醇，并在搅拌下慢慢加入粉末状的PVAc60g，调节水浴锅温度，加热搅拌使PVAc完全溶解。

（4）然后调节温度降到30℃，在此温度下缓慢加入上述配制的3%的NaOH-CH_3OH溶液18mL，进行醇解反应，当体系中出现胶冻立即加快搅拌速度，继续搅拌反应30min，打碎胶冻。

（5）再缓慢加入上述配制的3%的NaOH-CH_3OH溶液12mL，继续搅拌反应30min。

（6）然后调节温度升到62℃，继续搅拌反应60min，直接取出三口烧瓶，将物料用布氏漏斗过滤，用甲醇溶液洗涤，重复洗涤三次。滤液回收。

（7）将所得产物盛于表面皿上，放入干燥箱中烘干，干燥箱温度应保持在50～60℃。干燥后称重，并计算转化率。

$$转化率=\frac{产出的聚乙烯醇质量}{投入的聚乙酸乙烯质量}\times 100\%$$

2. 注意事项

(1) 为了保证 PVAc 的充分溶解，避免粘成块，溶解时要加入甲醇，再在搅拌下缓慢加入 PVAc。

(2) 搅拌速度的控制是本实验成败的关键。由于 PVA 是不溶于甲醇的，因此随着醇解反应的进行，PVAc 大分子上的乙酰基（CH_3COO—）会逐渐被羟基（—OH）所取代，慢慢地，大分子就会从溶解状态变成不溶状态，这时体系的外观就会发生相突变，出现胶冻，这是实验中要重点观察记录的，此时，要增大搅拌速度，把胶冻打碎，才能使醇解反应进行完全，不然，胶冻内包住的 PVAc 并没有醇解完全，将导致实验失败。

五、实验报告

1. 按照操作步骤进行实验，并将各操作步骤的具体时间及出现的现象记录于原始记录本上。
2. 计算转化率。

六、问题与讨论

1. 影响醇解反应以及产物的转化率的主要因素是什么？如何控制这些不利因素？
2. 为什么会出现胶冻现象，该现象对醇解有什么影响？

实验二十九　聚乙烯醇的醇解度的测定实验

一、实验目的

1. 通过实验掌握聚乙酸乙烯酯醇解度的测定方法及原理。
2. 了解聚合物化学反应的特点。

二、实验原理

醇解度是指聚乙烯醇分子链上的羟基与醇解前分子链上的乙酰基总数的百分比（%）。从聚乙酸乙烯酯（PVAc）醇解制取的聚乙烯醇（PVA），由于不同的目的和原因，其醇解程度往往不同，在分子链上还剩有数量不等的乙酰基。用 NaOH 溶液水解剩余的乙酰基，测定消耗的 NaOH 量，从而可计算出醇解度。

聚乙酸乙烯酯（PVAc）醇解制备聚乙烯醇（PVA）的工艺中水、PVAc 的浓度、NaOH 的用量、醇解反应温度、反应时间等都对醇解度产生影响。

1. 醇解体系中含水量的影响

醇解体系中的含水量对产品影响很大，由于水能抑制 PVAc 中乙酰基的离去，加速皂化反应以及副反应进行，同时增加甲醇的消耗，使醇解减弱，醇解度降低。

2. PVAc 的浓度

PVAc 的浓度即甲醇的用量对醇解反应影响很大。实践证明，其他条件不变时，醇解度随着 PVAc 的浓度的提高而降低，但若 PVAc 的浓度太低，则溶剂的用量会增大，则加大了溶剂的损失和回收工作量，所以一般选择 PVAc 的浓度为22%左右。

3. NaOH 的用量

醇解中发生酯交换和皂化，也发生小分子参与的副反应，会消耗 NaOH。若 NaOH 浓度过高，酯交换反应降低，皂化反应增加，副产品醋酸钠的量就上升，干燥时 PVA 会着色，而对醇解速度、醇解度的影响不大，所以要严格控制反应体系中 NaOH 的用量。

4. 醇解反应温度

温度影响反应速度，提高反应温度会加速醇解反应，缩短反应时间，但由于温度提高，也会加速伴随醇解反应的副反应，从而消耗 NaOH 的用量，副产品乙酸钠的量就增加，所以目前工业上采用醇解温度为 40～48℃。

三、实验设备和材料

1. 实验设备

锥形瓶（250mL）、酸式滴定管（50mL）、球形冷凝管、恒温水浴、温度计、量筒（100mL、10mL）、烧杯（1000mL、500mL）、大肚移液管（25mL）、恒温干燥箱、电子分析天平。

2. 实验材料

聚乙烯醇（实验二十八制备）、NaOH 溶液（0.5mol/L）、HCl 溶液（0.5mol/L）、甲基橙溶液指示剂（0.1%）、蒸馏水。

四、实验内容和步骤

1. 实验步骤

（1）称取 1.5g（±0.001g）已事先干燥至恒重的聚乙烯醇样品，置于 250mL 的锥形瓶中，加入 80mL 的蒸馏水，安装冷凝管，加热回流使聚乙烯醇完全溶解。

（2）稍冷后，用 25mL 的大肚移液管移取 0.5mol/L 的 NaOH 溶液 25mL 加入上述溶液，在 30℃的水浴中回流 60min，再冷却至室温。

（3）用 10mL 的蒸馏水冲洗冷凝管，后卸下冷凝管。

（4）向锥形瓶中加入几滴 0.1%的甲基橙溶液，此时溶液颜色为橘红色，用 0.5mol/L 的 HCl 溶液滴定至出现黄色。记录所用 HCl 的体积 V（mL），重复三次，将数据记录于表 29-1 中。

（5）空白实验。用 25mL 的大肚移液管移取 0.5mol/L 的 NaOH 溶液 25mL 加入 250mL 的锥形瓶中，向锥形瓶中加几滴 0.1%的甲基橙溶液，此时溶液颜色为橘红色，用 0.5mol/L 的 HCl 溶液滴定至出现黄色。记录所用 HCl 的体积 V_0（mL）。重复三次，数据记录于表 29-2 中。

2. 醇解度计算

根据下列公式计算醇解度。

$$\text{乙酰基含量}=\frac{(V_0-V)C\times 0.043}{m}\times 100\%$$

$$\text{醇解度}=\frac{m-(V_0-V)C\times 0.086}{m-(V_0-V)C\times 0.043}\times 100\%$$

式中，V、V_0 分别为样品滴定、空白滴定所消耗的 HCl 标准溶液的体积，mL；C 为 HCl 标准溶液的物质的量浓度，mol/L；m 为样品的质量，g。

五、实验报告

1. 按照操作步骤进行实验，并将各操作步骤的具体时间及出现的现象记录于原始记录本上。

2. 记录实验数据于表 29-1、表 29-2 中。

3. 根据公式计算出乙酰基含量及醇解度。

表 29-1　样品滴定的实验数据记录

项目		1	2	3
NaOH 溶液用量 V/mL				
V(HCl)/mL	初读数			
	末读数			
	净读数			
平均值 V(HCl)/mL				
个别测定绝对偏差				
相对平均偏差/%				

表 29-2　空白滴定的实验数据记录

项目	1	2	3
NaOH 溶液用量 V/mL			

续表

项目		1	2	3
V_0(HCl)/mL	初读数			
	末读数			
	净读数			
平均值 V_0(HCl)/mL				
个别测定绝对偏差				
相对平均偏差/%				

六、问题与讨论

1. 影响醇解度的主要因素是什么？如何控制这些不利因素？

2. 如果 PVAc 干燥不透，仍含有未反应的单体和水时，试分析在醇解过程会发生什么现象？

实验三十　聚乙烯醇的分子量的测定实验

一、实验目的

1. 了解凝胶渗透色谱法测定聚乙烯醇的分子量及分子量分布的原理。

2. 了解美国 Agilent1100 凝胶渗透色谱的仪器构造和凝胶渗透色谱实验的技术。

3. 掌握凝胶渗透色谱法数据处理方法。

二、实验原理

（一）高聚物分子量及分子量分布的定义

高聚物的分子量有两个特点：一个是它的分子量比小分子大得多，二是分子量都不是均一的，具有多分散性，即聚合物的分子量存在分布。高聚物的分子量及分子量分布是高聚物性能的重要参数之一，它直接影响材料的物理机械性能，如机械强度、伸长率、软化温度和密度等，还明显影响材料的加工性能。不同的加工工艺对高聚物的分子量和分子量分布要求不同，例如，塑料的注射要求分子量一般比吹塑低，而吹塑要求的分子量又比挤出低。由于高聚物分子量的分散性，因此，高聚物不像小分子一样有唯一确定的分子量值，它的分子量只有统计的意义，通过各种实验测定出来的分子量只是某种统计的平均值。从统计的角度来说有：平均分子量

=(统计单元的权重×该单元的分子量)的总和。用不同的统计单元就得出不同的平均分子量，常用的平均分子量有以下几种：

假若有一种高聚物试样，共有 n mol 分子，其总质量为 w，其中分子量大小不等的各组分的分子量为 M_i、物质的量（mol）为 n_i 和质量为 w_i。

1. 数均分子量$\overline{M}_n$

是以分子的数量 n_i 为统计单元，统计的权重就是该分子所占的数量分数 N_i。

2. 重均分子量$\overline{M}_w$

以分子的质量 w_i 作为统计单元，统计的权重就是该分子的质量分数 W_i。

3. Z 均分子量$\overline{M}_z$

以 $n_iM_i^2$ 作为统计单元。

4. 黏均分子量$\overline{M}_\eta$

$$\overline{M}_\eta=\left[\frac{\sum_i n_iM_i^{\alpha+1}}{\sum_i n_iM_i}\right]^{1/\alpha} \tag{30-1}$$

这里的 α 指的是 Mark-Houwink 方程中 $[\eta]=KM^\alpha$ 的 α。所以$\overline{M}_\eta$ 被称为黏均分子量。当$\alpha=-1$，$\overline{M}_\eta=\overline{M}_n$；$\alpha=1$；$\overline{M}_\eta=\overline{M}_w$。而高聚物的 α 通常在 0.5～1 之间，所以，通常有：$\overline{M}_n<\overline{M}_\eta\leqslant\overline{M}_w<\overline{m}_z$。

5. 分子量分布

以多分散系数来表征高聚物的分子量分布，用 d 表示，其可表示为：

$$d=\overline{M}_w/\overline{M}_n \text{ 或 } d=\overline{M}_z/\overline{M}_w$$

d 值越大，分子量分布越宽。对同一个高聚物，用上述两公式计算的 d 值是不一样的。

（二）凝胶渗透色谱法的分离原理

通过凝胶渗透色谱法（gel permeation chromatography，GPC）可实现对分子量及其分布的快速自动测定。因此，GPC 至今已成为聚合材料一种必不可少的分析手段。

1. GPC 的分离原理

GPC 的工作原理有各种说法，有体积排除、限制扩散、流动分离、热力学理论、溶解分离等理论。目前多数观点倾向于体积排除理论，因此，GPC 技术又被赋予另一个名字——体积排除色谱（size exclusion chromatography，SEC)。SEC 是一种液体（液相）色谱。和各种类型的色谱一样，其作用也是分离，其分离对象是同一聚合物中不同分子量的高分子组分。

体积排除理论认为，GPC 的分离作用首先是由于大小不同的分子在多孔性填料中可以占据的空间体积不同而造成的。在色谱柱中装填的多孔填料，其表面和内部有着各种大小不同的孔洞和通道。试样加入 GPC 柱的入口端，由于浓度的差别，溶质分子会扩散进入凝胶微孔中，产生渗透现象。同时，在溶剂的淋洗作用下，溶质分子又被洗脱出来而随着流动相向柱的出口移动。这样渗透入凝胶孔和被洗脱出来的过程在整个柱长内反复地进行着。由于较小的分子除了能渗透进入大的孔外，还能进入较小的孔，较大的分子则只能进入较大的孔，而比填料上最大的孔还要大的分子就只能留在填料颗粒之间的空隙中，换句话说，在柱内，小分子流过的路径比大分子的长。因此，随着溶剂洗提过程的进行，大小不同的分子就得到分离，最大的分子首先被洗提出来，最小的分子最后被洗提出来。见图 30-1。

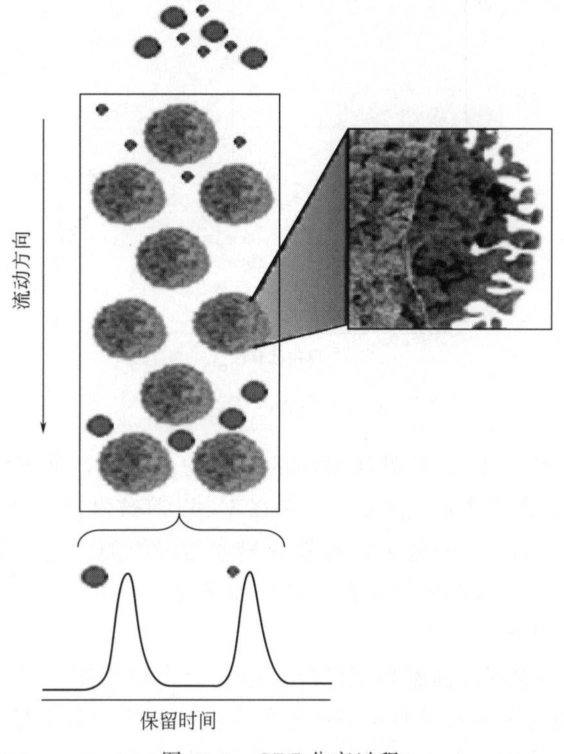

图 30-1　GPC 分离过程

2. GPC 的分离范围

根据上述理论，色谱柱的总体积 V_t 包括 3 部分：

$$V_t = V_g + V_o + V_i \tag{30-2}$$

式中，V_g 为填料的骨架体积；V_o 为填料微粒紧密堆积后的粒间空隙；V_i 为填料孔洞的体积；$V_o + V_i$ 是聚合物分子可利用的空间。

如果有一个试样组分，它所能进入的凝胶孔洞的体积为 V_i'，它的分配比（或称分配系数）定义为 $K = V_i'/V_i$，那么，它的淋出体积：

$$V_e = V_o + V_i' = V_o + KV_i \tag{30-3}$$

$$K = (V_e - V_o)/V_i \tag{30-4}$$

对于特别大的溶质分子，它不能进入凝胶颗粒上的任何孔，体积完全被排除，$V_e=V_o$，$K=0$；对于特别小的溶质分子，它完全渗透进凝胶的所有孔中，$V_e=V_o+V_i$，$K=1$；对于中等大小的溶质分子，V_e 在 V_o 和 V_o+V_i 之间，$1>K>0$，溶质分子的体积越小，淋出体积越大。尺寸大小（分子量）不同的分子有不同的 K 值，因此有不同的淋出体积 V_e（见图 30-2）。

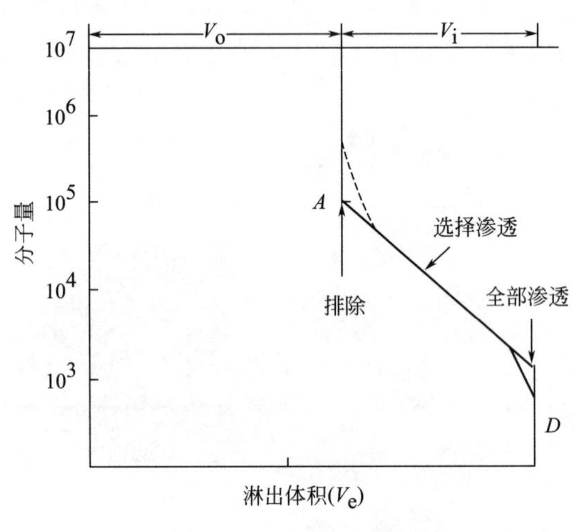

图 30-2 GPC 分离范围

当 $K=0$ 时，$V_e=V_o$，此处所对应的聚合物分子量，是该色谱柱的渗透极限(PL)，聚合物分子量超过 PL 值时，只能在 V_o 以前被淋洗出来，没有分离效果。只有聚合物大小 $0<K<1$ 的范围，有效分离才是可能的。这一范围取决于柱填料的选择、填充的方法，柱的数目和仪器的操作条件。

3. 凝胶色谱图和标准曲线

根据 GPC 分离原理，高聚物试样经色谱柱分离后将按分子量从大到小从柱出口淋洗出来，采用合适的技术测定各级分的含量和相应的分子量，就可得到分子量分布数据。通常，采用示差折光仪作为浓度检测器，测出溶液和纯溶剂的折射率之差 Δn。Δn 正比于溶液浓度，所以，Δn 值反映了淋出液的浓度，即反映了各级分的含量。色谱图一般纵坐标是浓度检测器讯号，横坐标是淋出体积。图 30-3 是用示差折光仪作为检测器，从自动记录仪上得到的一组不同分子量标样的 GPC 谱图。$M_1>M_2>M_3>M_4$。

图 30-3 中的横坐标为 V，要真正得到分子量分布，还应该把 V 转换为分子量 M。有两种方法可以得到分子量：第一是直接法，即将不同淋出体积的级分用前述介绍的分子量测定方法直接测定。例如小角激光光散射和 GPC 联用，实时测定高聚物的分子量。但直接法设备和技术比较复杂，目前很少使用。第二种方法是间接法，是目前 GPC 广泛使用的方法。它是用一系列已知分子量的窄分布标准试样作出一系列图 30-3 所示的 GPC 色谱峰，然后用分子量的对数 $\lg M$ 对淋出体积 V_e 作

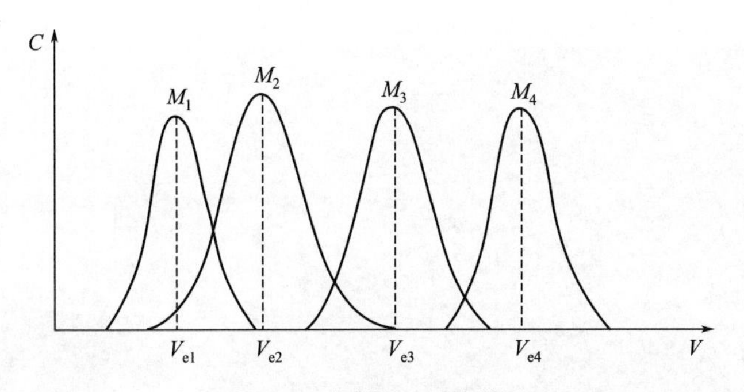

图 30-3　标样的 GPC 谱图

图，见图 30-4，得到一条淋出体积校准曲线（或称 GPC 校准曲线）。实验证明，淋出体积与分子量的关系可表示为：

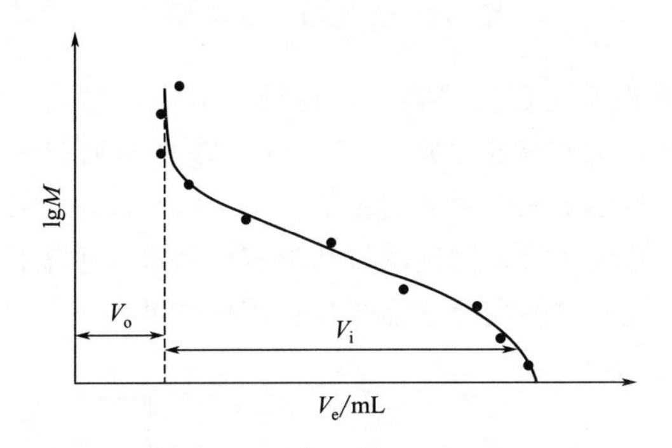

图 30-4　GPC 校准曲线 V_e

$$V_e = f(\lg M) \tag{30-5}$$

这一函数关系通常可展开为一个多项式的校正方程：

$$\lg M = a_0 + a_1 V_e + a_2 V_e^2 + \cdots \tag{30-6}$$

通常用一个线性方程表示色谱柱可分离的线性部分（即图 30-4 中分斜率为负值的一段直线）。直线方程为

$$\lg M = A + BV_e \tag{30-7}$$

式中，A、B 为特性常数。色谱用标准样品标定后可求得。

通过使用一组单分散性分子量不同的试样作为标准样品，分别测定它们的淋出体积 V_e 和分子量，做 $\lg M$ 对 V_e 直线图，可求得特性常数 A 和 B。这一直线就是 GPC 的校正曲线。待测聚合物被淋洗通过 GPC 柱时，根据其淋出体积，就可以从校正曲线上算得相应的分子量。

三、实验设备和材料

1. GPC 仪器

型号 Agilent1100，如图 30-5 所示。

图 30-5　Agilent1100 仪器

GPC 仪主要由输液系统、进样器、色谱柱、浓度检测器、分子量检测器及一些附属电子仪器组成，GPC 构造如图 30-6 所示。淋洗液通过输液泵成为流速恒定的流动相，进入紧密装填多孔性微球的色谱柱，中间经过一个可将样品送往体系的进样装置。聚合物样品进样后，淋洗液带动溶液样品进入色谱柱并开始分离，随着淋洗液的不断洗提，被分离的高分子陆续从色谱柱中淋出。

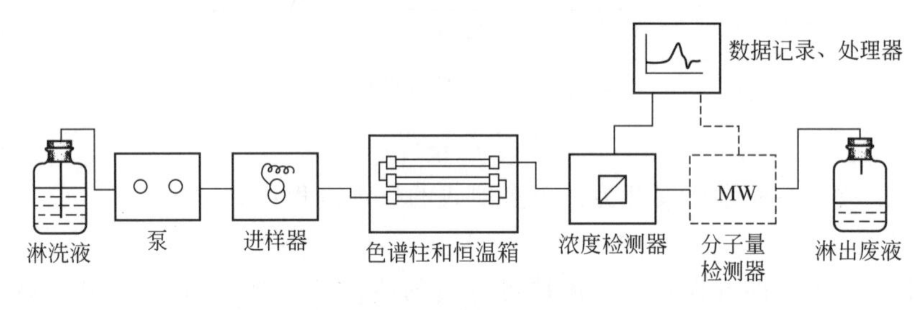

图 30-6　GPC 的构造

(1) 浓度检测器　浓度检测器可以连续地检测色谱液淋出各组分的含量，它的种类很多，有示差折光检测器（RI）、紫外检测器（UV）、红外检测器（IR）以及称重法等。在本实验中采用示差折光检测器。

(2) 柱的填料　填料是凝胶色谱产生分离作用的关键，它的结构是影响仪器性能的主要因素。填料要求具有高分辨率，良好的化学稳定性和热稳定性，一定的机械强度，不易变形，流动阻力小，对试样没有吸附作用，分离范围愈大愈好。现有填料分为有机高分子填料和无机填料。

有机高分子填料有：交联聚苯乙烯凝胶、交联聚乙酸乙烯酯凝胶、交联聚甲基丙烯酸酯凝胶、交联聚丙烯酰胺凝胶、交联葡聚糖凝胶及交联琼脂糖凝胶等。这类填料是溶胀型的。

无机填料有：多孔性硅胶、多孔性玻璃珠等。这类填料不会溶胀或收缩，但可能会出现吸附效应，使用时应予注意。

本实验采用无机填料。

(3) 溶剂的选择　凝胶色谱中所用的溶剂必须能溶解样品、润湿填料，且要防止吸附作用。当采用软性凝胶时，溶剂也必须能溶胀凝胶。另外溶剂的黏度是要着重考虑的问题，因为高黏度将限制扩散作用，并损害分离度。溶剂亦应与检测器相匹配，不破坏填料，不腐蚀仪器，且沸点应比使用温度高25～50℃。最常用的有机溶剂有四氢呋喃、1，2，4-三氯苯、邻二氯苯、甲苯等。本实验采用蒸馏水作溶剂。

2. 其他设备

配样瓶、注射针筒、过滤器、量筒（10mL)、烧杯（50mL)、电子天平。

3. 实验材料

蒸馏水、聚乙烯醇（实验二十八自制)、标准样品聚乙烯醇。

四、实验内容和步骤

1. 流动相的准备

将蒸馏水煮沸，冷却后待用。

2. 样品溶液配制

向色谱柱配备的三个标样配样瓶（红、蓝、绿色三个）中注入约2 mL溶剂溶解标样，后用过滤器过滤。

称取0.01g自制的聚乙烯醇于烧瓶中，注入约10mL溶剂，溶解后过滤。

3. Agilent1100GPC仪的启动

(1) 将过纯净水倒入GPC仪的溶剂瓶，GPC仪出口接上回收瓶。

(2) 启动GPC仪，从下到上依次打开仪器的各个模块，再打开电脑，运行Bootp server程序。待模块自检完成后，双击instrument online图标。

(3) 待出现相应图标后，启动泵，打开Purge阀对仪器进行排气，直到管线内无气泡为止。

(4) 单击Pump图标，出现参数设定菜单，对流速、柱温、流动相的实际体积、瓶体积、进样方式等参数进行设置。

(5) 待参数设置完成后，从instrument菜单选择System on。

4. 进样

待仪器的基线稳定后，从Method菜单选择Run method，进样。将进样器把手扳到LOAD位（动作要迅速)，用进样注射器吸取样品20μL，并注入进样器（注意排出气泡)。这时将进样器把手扳到INJECT位（动作要迅速)，即进样完成，同时应用进样记录。一个样品测试完成（不再出峰时)，可按前面步骤再进其他样品。

5. 分析数据

打开电脑上 instrument offline 软件，根据前面原理讲述的分析办法先对标准样品进行分析处理，得到 GPC 标准曲线，然后用此标准曲线对未知样品进行分析处理，从而得到结果。

6. 实验结束

清洗进样器，用适当的溶剂冲洗系统 10min，然后关泵。退出化学工作站，关闭电脑，然后再关闭 GPC 仪器各模块的电源开关。

五、实验报告

1. 写出 GPC 仪的测试原理。
2. 写出 GPC 仪的操作步骤及数据处理。

六、问题与讨论

1. 在用 GPC 测定聚合物分子量时，为什么要用标准样品进行校正？
2. 同样分子量的样品，支化度大的分子和线型分子哪个先流出色谱柱？
3. 讨论进样量、色谱柱的流速对实验结果有无影响。

实验三十一　聚乙烯醇缩甲醛的制备实验

一、实验目的

1. 了解高分子化学反应的原理。
2. 通过聚乙烯醇（PVA）的缩醛化制备胶水，了解缩醛化的反应原理。
3. 了解影响缩醛化反应的主要因素。

二、实验原理

早在 1931 年，人们就开发出聚乙烯醇（PVA）的纤维，但由于 PVA 的强水溶性而无法实际应用。不过利用“缩醛化”则可减少其水溶性，就使得 PVA 纤维有了实际的应用价值。用甲醛进行缩醛化反应得到聚乙烯醇缩甲醛（PVF）。聚乙烯醇缩甲醛随缩醛化程度的不同，性质和用途各有所不同。如在 PVF 分子中，如果控制其缩醛度在较低水平，由于 PVF 分子中有羟基、乙酰基和醛基等，因此有较强的黏结性能，可做胶水使用，用来黏结金属、木材、陶瓷、皮革、玻璃和橡胶等。随着缩醛度的增加，水溶性变差，作为维尼纶纤维用的聚乙烯醇缩甲醛其缩醛度控制在 35%左右，它不溶于水，是性能优良的合成纤维（又称“合成棉花”）。缩醛度为75%～85%的聚乙烯醇缩甲醛重要的用途是制造绝缘漆和胶黏剂。

聚乙烯醇缩甲醛的合成反应属于缩聚反应，缩聚反应是一类有机化学反应，是具有两个或两个以上官能团的单体，相互反应生成高分子化合物，同时产生单分子的化学反应，因此缩聚反应兼有缩合处理低分子和聚合成高分子的双重含义，反应产物称为缩聚物，缩聚反应的本质可看作取代。聚乙烯醇缩甲醛是利用聚乙烯醇与甲醛在盐酸催化作用下而制得的，其反应如下：

$$\sim\sim CH_2-\underset{\displaystyle OH}{\underset{|}{CH}}-CH_2-\underset{\displaystyle OH}{\underset{|}{CH}}\sim\sim + HCHO \xrightarrow{HCl} \sim\sim CH_2-\underset{|}{CH}-CH_2-\underset{|}{CH}\sim\sim + H_2O$$

（上式中聚乙烯醇缩甲醛的两个CH通过 O — CH_2 — O 相连）

聚乙烯醇　　　　　　　　聚乙烯醇缩甲醛

(31-1)

聚乙烯醇缩醛化机理为

$$HCHO + H^+ \longrightarrow CH_2OH^+ \tag{31-2}$$

由于概率效应，聚乙烯醇中邻近羟基成环后，中间往往会掺杂一些无法成环的孤立羟基，因此缩醛化反应不可能完全进行。聚乙烯醇缩醛的性能，比如软化温度、硬度、溶解性、溶液的黏度等取决于下列四种因素：

① 聚乙烯醇的分子量及其分散程度；

② 聚乙烯醇中的羟基与乙酰基之比；

③ 缩醛化度，即聚乙烯醇缩醛中羟基和缩醛基之比；

④ 醛的化学结构。

本实验是合成水溶性的聚乙烯醇缩甲醛，即某品牌胶水。反应过程需要控制较低的缩醛度，以保持产物的水溶性，若反应过于猛烈，则会造成局部缩醛度过高，导致不溶于水的物质存在，影响胶水质量。因此在反应过程中，特别注意要严格控制催化剂用量、反应温度、反应时间及反应物比例等因素。

三、实验设备和材料

1. 实验设备

三口烧瓶（1000mL）、球形冷凝管、恒温水浴锅、机械搅拌器、温度计、量筒（100mL、10mL）、烧杯（1000mL、500mL）、吸量管（10mL）、电子分析天平。

2. 实验材料

聚乙烯醇（实验二十八制备）、甲醛（40%）、NaOH、蒸馏水、盐酸、pH试纸。

四、实验内容和步骤

1. 实验步骤

(1) 配制8%的NaOH溶液：称取0.8g的NaOH溶解于10mL的蒸馏水中，待用。

(2) 配制1∶4的HCl溶液：用10mL的吸量管移取5mL的HCl稀释于20mL的蒸馏水中，待用。

(3) 在三口烧瓶上安装好机械搅拌器、冷凝管，如前文图27-1所示。然后将三口烧瓶、温度计置于恒温水浴锅里。

(4) 先从滴液漏斗加入120mL的蒸馏水，并在搅拌下慢慢加入粉末状的PVA15g，调节水浴锅温度90～92℃，加热搅拌使PVA完全溶解，溶液呈透明状，不再有白色胶团为止。

(5) 然后调节温度降到80～85℃，在此温度下缓慢加入上述配制的1∶4的HCl溶液，调节PVA水溶液的pH在1～3。

(6) 量取5mL的甲醛溶液，用滴管少量多次加入三口烧瓶中，塞好活塞，在该温度下继续搅拌反应30min。

(7) 反应体系逐渐变稠，当体系中出现气泡或有絮状物产生时，立即切断水浴锅电源，停止加热。打开软木塞，滴加8%的NaOH溶液1.5mL至聚乙烯醇缩甲醛胶水的pH在8～9左右。

(8) 切断搅拌器的电源，停止搅拌。冷却降温出料，获得无色透明黏稠的液体。

2. 注意事项

(1) 加入甲醛时，不宜过快，应慢慢加入。

(2) 催化剂盐酸可分批加入，否则不易调节pH。

(3) 维持适当的搅拌速度，不可太慢，易搅拌不均匀，局部缩醛度大，产生不溶物。

(4) 严格控制好温度，不可忽高忽低；温度过高产品容易发黄，温度过低则反应时间过长。

五、实验报告

按照操作步骤进行实验，并将各操作步骤的具体时间及出现的现象记录于原始记录本上。

六、问题与讨论

1. 为什么缩醛度增加，水溶性下降，当达到一定的缩醛度以后，产物完全不溶于水？

2. 产物最终为什么要把pH调到8～9？试讨论缩醛对酸和碱的稳定性。

3. 当体系中出现气泡或有絮状物产生时，立即迅速加入1.5mL 8%的NaOH

溶液作用是什么?

实验三十二　聚乙烯醇缩甲醛水溶液黏度的测定实验

一、实验目的

1. 掌握溶液黏度的定义及测量方法。
2. 学会使用涂-4 杯测量聚乙烯醇缩甲醛水溶液的黏度。
3. 学会使用旋转黏度计测量聚乙烯醇缩甲醛水溶液的黏度。

二、实验原理

液体在流动时，在其分子间产生内摩擦的性质，称为液体的黏性，黏性的大小用黏度表示，是用来表征液体性质相关的阻力因子。黏度又分为动力黏度、运动黏度和条件黏度。黏度是聚乙烯醇缩甲醛水溶液很重要的一项指标，关乎着它的粘接性、流动性等性能。

1. 涂-4 黏度计的测量原理

涂-4 黏度计测量的黏度是条件黏度，即为一定量的试样在一定温度下从规定孔径的孔所流出的时间。以时间长短来衡量液体黏度的高低，单位 s（25℃），时间越短，黏度越小，反之越大。将得到的试样流出时间 t（s）用下列公式换算成运动黏度值 μ（mm^2/s）：

$$t<23\text{s 时},\ \mu=(t-11)/0.154 \tag{32-1}$$

$$23\text{s}\leqslant t\leqslant 150\text{s 时},\ \mu=(t-6.0)/0.223 \tag{32-2}$$

式中，t 为流出时间，s；μ 为运动黏度，mm^2/s。

2. 旋转黏度计的测量原理

旋转式黏度计主要是由同步电机以稳定的速度旋转，连接刻度圆盘，再通过游丝和转轴带动转子旋转，如果转子未受到液体的阻力，则游丝、指针与刻度盘同速旋转，指针在刻度盘上指出的读数为 0。反之，如果转子受到液体的黏滞阻力，则游丝产生扭矩，与黏滞阻力抗衡最后达到平衡，这时与游丝连接的指针在刻度盘上指示一定的读数（即游丝的扭转角），将读数乘上特定的系数即得到液体的黏度。旋转式黏度计测定液体的动力黏度，单位是 Pa・s，可由公式(32-3) 计算：

$$\eta(\text{Pa}\cdot\text{s})=K(T/\omega) \tag{32-3}$$

式中，K 为用已知黏度的标准液测得的旋转式黏度计常数；T 为扭力矩；ω 为角速度。

三、实验设备和材料

1. 实验设备

（1）涂-4 黏度计：型号 NDJ-5，测量时间范围 23s≤t≤150s。环境温度范围（25±1）℃。

（2）旋转黏度计：型号 RVDV-1，黏度测量范围 10～13000000mPa·s，黏度测量精度≤±1%（满量程），黏度测量重现性≤±0.3%（满量程），黏度分辨率 1mPa·s。

（3）其他设备：烧杯（1000mL、500mL、50mL）、秒表。

2. 实验材料

聚乙烯醇缩甲醛水溶液（实验三十一制备）、去离子水。

四、实验内容和步骤

1. 涂-4 黏度计测量黏度

（1）黏度计架台由一个能调节水平的平台和十字架构成，十字架的横臂上附有圆形水泡，调节平台的水平螺栓使水泡居中为止。

（2）流量杯清洁处理：用吸水性好的软纸蘸易去油污的溶剂反复擦内壁，把纸捻成绳状，使之置于孔内反复拉直至清洁为止。将流量杯置放在横臂的圆环里。

（3）倒入被测的聚乙烯醇缩甲醛水溶液，用手指堵住杯的流出孔（如有腐蚀性液体可用杯上挡块），预先恒温好的被测试液慢慢倒入杯内，直至液面凸出杯的上边缘，如有气泡，待气泡浮到面上，用清洁的平玻璃板沿边缘平推一次，刮掉多余的试液及气泡，使被测液的水平面与流量杯上边缘在一水平面上。

（4）测量流出时间：放开堵住的手指，同时启动秒表，试液流出呈连续的线状，当孔口流出线条开始断开时即停止秒表，记录秒表读数 t(s)。测定时试样温度为（25±1）℃，重复二次，二次测定值之差不应大于平均值的 3%，数据记录于表 32-1 中，取二次测定值的平均值为测定结果。

（5）计算运动黏度值：根据式(32-1）或式(32-2）计算出运动黏度。

2. 旋转黏度计测量黏度

（1）将被测的聚乙烯醇缩甲醛水溶液置于 1000mL 的烧杯或直筒形容器中，准确地控制被测液体温度。

（2）清理黏度计，调节两个水平调节脚，直至黏度计顶部的水泡在中央位置。

（3）将转子保护框架装在黏度计上（向右旋入装上，向左旋出卸下）。将选用的转子旋入连接螺杆（向左旋入装上，向右旋出卸下）。

（4）打开黏度计后面开关按钮。输入选用的转子号：每按转子键一次，屏幕显示的转子号相应改变，直至屏幕显示为所选转子号。

(5) 选择转速：按“转速”键设置转速，并通过按“TAB”键可逐位移向当前显示转速的十位、个位及十分位，待选定后，通过按数字增加键“↑”或减少键“↓”来设置十位、个位及十分位等的转速大小。转速设置完毕后，按转速键确认。

(6) 旋动升降架旋钮，使黏度计缓慢下降，转子逐渐浸入被测液体当中，直至转子上的标记与液面相平为止。调整黏度计位置至水平。

(7) 按下“测量”键，步进电机开始旋转，适当时间（读数大致稳定）后即可同时测得当前转子、该转速下的黏度值，重复二次，二次测定值之差不应大于平均值的3%，数据记录于表32-2中，取二次测定值的平均值为测定结果。

(8) 在测量过程中，如果需要转换转子，可直接按“复位”键。（此时电机停止转动，而黏度计不断电。）当转子更换完毕后，重复步骤(5)～(7)即可继续进行测量。尤其要注意的是：更换转子后一定要调整仪器上对应的转子号SP。

(9) 测量完毕后，按“复位”键，同时关闭电源开关。旋动升降架旋钮，使黏度计缓慢上升，取出测量样品。卸下转子，并将转子、仪器及试验台清理干净。

五、实验报告

1. 按照操作步骤进行实验，并将各操作步骤的具体时间记录于原始记录本上。
2. 记录实验数据于表32-1、表32-2中。

表32-1 涂-4黏度计的实验数据记录

项目	1	2
流出时间 t/s		
平均值 t/s		

表32-2 旋转黏度计的实验数据记录

项目	1	2
转子号		
黏度值 η/Pa·s		
平均值 η/Pa·s		

六、问题与讨论

1. 黏度的定义是什么？分为哪些种类及各自的测量方法如何？
2. 在测量黏度时要注意些什么？

第六章

磁性Fe_3O_4/C复合材料的水处理综合实验

磁性纳米复合材料是一些磁性材料和其他物质包覆或者发生相关的氧化还原反应，具有纳米材料的小尺寸效应、量子效应、大的比表面积、量子隧道、偶联容量高、良好的磁导向性等效应以及其他复合材料相关特性的材料。磁性纳米材料的特性不同于常规的磁性材料，其原因是关联于与磁相关的特征物理长度恰好处于纳米量级，例如：磁单畴尺寸、超顺磁性临界尺寸、交换作用长度，以及电子平均自由路程等大致处于1～100nm量级，当磁性体的尺寸与这些特征物理长度相当时，就会呈现反常的磁学性质。磁性纳米粒子可从尿液及大便中排泄，其中经肾脏排出较多，这也使其在生物医药领域有着特殊的应用。磁性纳米材料在磁流体、催化、高密度磁记录媒介、医疗诊断、水处理重金属离子的吸附分离、水处理有机物吸附分离、水体检测、食品安全检测等领域成为研究的热点。常用的磁性纳米材料有金属合金及其金属氧化物，由于镍、钴等存在毒性，在生物、医药等方面受到严格的限制，而铁的氧化物因其低毒（LD50约2000mg/kg体重，远远高于目前临床应用剂量）、易得等特点得到广泛应用。

随着现代工业的迅猛发展，大量的含重金属离子废水排入环境，严重威胁人类的生态环境和生存质量。一般认为，Cr^{3+}对人体的毒害较小，而Cr^{6+}对人体危害很大，可导致呼吸障碍、胸闷，严重时会致癌；还会导致皮肤过敏、遗传性基因缺陷等疾病，且其具有很强的氧化能力和迁移能力，进入水体后可随水体迁移，再加上生物富集效应，可以通过食物链进入人体，直接危害人类的健康，对生态环境和人类健康构成严重威胁，因此，对Cr^{6+}废水的处理具有重要的意义。

纳米材料本身具有较高的比表面积和表面活性，增加了与重金属离子的接触机会，因此，也常被选作去除重金属离子的材料。活性炭是最常用的吸附材料，在吸附水中重金属离子方面有一定的优越性。而Fe_3O_4/C纳米复合材料具有磁性，通过采用磁性分离技术可以提高Fe_3O_4/C的回收率及重复使用性，因此Fe_3O_4/C纳米复合材料处理水中的六价铬离子是可行的，具有一定的优点。

纳米磁性材料的制备主要分为磁流体的制备、纳米磁性微粒的制备、纳米磁性微晶的制备以及纳米磁性复合材料的制备。由于磁性复合材料的种类繁多，因此其制备方法也不尽相同。同一种功能的材料可以采用不同的方法制备，也可以用同一种方法制备出不同功能的复合材料。目前比较常用的制备方法主要有溶胶-凝胶法、化学共沉淀法、磁控溅射法和激光脉冲沉积法等。

Fe_3O_4/C 复合材料的水处理实验作为材料类本科学生的综合实验，其内容主要包括以下几个实验：

实验三十三　Fe_3O_4 粉体的制备合成实验

实验三十四　KOH 活化剂制备活性炭及其表征实验

实验三十五　Fe_3O_4/C 复合材料的制备合成实验

实验三十六　Fe_3O_4 与 Fe_3O_4/C 的表征分析实验

实验三十七　六价铬离子标准曲线的绘制实验

实验三十八　Fe_3O_4/C 复合材料对 Cr^{6+} 的吸附性能实验

实验三十三 Fe_3O_4 粉体的制备合成实验

一、实验目的

1. 了解 Fe_3O_4 的制备合成方法及其特点。
2. 掌握溶剂热法和化学共沉淀法制备材料 Fe_3O_4。

二、实验原理

纳米 Fe_3O_4 的制备合成方法多种多样，目前纳米 Fe_3O_4 的制备合成方法主要有化学共沉淀法、溶剂热法、溶胶-凝胶法、热分解法、机械球磨法、电弧蒸发法等，每种方法都有其优缺点。

溶剂热法由水热法的发展得来，它与水热法的不同之处在于所使用的溶剂为有机溶剂而不是水。在溶剂热反应中，通过把一种或几种前驱体溶解在非水溶剂中，在液相或超临界条件下，反应物分散在溶液中并且变得比较活泼，反应发生，产物缓慢生成。该过程相对简单而且易于控制，并且在密闭体系中可以有效防止有毒物质的挥发和制备对空气敏感的前驱体。溶剂热反应中物相的形成、粒径的大小、形态也能够控制，而且，产物的分散性较好。在溶剂热条件下，溶剂的性质如密度、黏度、分散作用等相互影响，变化很大，且其性质与通常条件下相差很大，相应的，反应物的溶解性、分散性及化学反应活性大大地提高或增强。因此使得反应能够在较低的温度下发生。溶剂热法制备 Fe_3O_4 纳米粒子，一般采用乙二醇作溶剂，密闭高压反应釜中，温度在 100～220℃条件下恒温数小时制备得到结晶化较好的纳米材料。

化学共沉淀法是指在包含两种或两种以上金属阳离子的可溶性溶液中，加入适当沉淀剂，将金属离子均匀沉淀或结晶出来，然后再将沉淀物进行脱水或热分解后制得纳米微粉。其优点主要是产品纯度高，反应温度低，颗粒均匀，粒径小。化学共沉淀法是目前制备 Fe_3O_4 纳米颗粒最常用的方法之一，此方法制备简单，反应可以在较为温和的条件下进行，便于操作，所用的原材料为廉价的无机盐，工艺流程简单且生物相容性较好，易扩大到工业化生产。该法是将铁盐和亚铁盐以一定的比例配合成溶液，选用适当的碱性沉淀剂进行共沉淀，通过控制工艺条件，得到性能优良的 Fe_3O_4 纳米粒子。其反应式如下：

$$Fe^{2+} + 2Fe^{3+} + 8OH^- \longrightarrow Fe_3O_4 + 4H_2O$$

三、实验设备和材料

1. 实验设备

反应釜（4 套，带内衬）、超声波清洗仪、氮气瓶、分析天平、磁铁、真空干燥箱、烧杯、量筒、烧结炉等。

2. 实验材料

六水氯化铁、四水氯化亚铁、九水硝酸铁、聚乙烯吡咯烷酮（K30）、乙酸钠、乙二醇、无水乙醇、乙二胺、去离子水等。

四、实验内容和步骤

1. 溶剂热法制备 Fe_3O_4

方案一：

① 称取聚乙烯吡咯烷酮（K30）7.5g 于 250mL 烧杯中，加入乙二醇 100mL，溶解后再加入 7.5gNaAc 与 3.2g$FeCl_3 \cdot 6H_2O$；

② 将①所配溶液超声振荡 40min 后，分装在两个 50mL 的反应釜中，200℃保温 12h；

③ 自然冷却至室温，用无水乙醇及去离子水洗涤数次；

④ 所得样品在真空干燥箱中 60℃干燥 8h。

方案二：

① 称取 2.0g（5mmol）九水硝酸铁溶于 40mL 乙二醇（EG）中，搅拌至溶液透明，然后加入 0.8g NaOH 和 1.0g 聚乙烯吡咯烷酮（K30）；

② 将①所配溶液继续快速搅拌 30min，将所得液体移至 50mL 反应釜中，密封，200℃保温 12h；

③ 自然冷却至室温，所得黑色产物分别用去离子水和乙醇洗涤数次；

④ 将所得样品在真空干燥箱中 60℃干燥 8h。

2. 化学共沉淀法制备 Fe_3O_4

① 将浓度为 1.0mol/L 的 Fe^{2+} 和 Fe^{3+} 按 1∶1.2 的比例配制成溶液；

② 40℃恒温搅拌下，缓慢加入 1.5 倍化学计量浓度为 1.0mol/L 的 NaOH 溶液（或者滴加 1.5mol/L 氨水，将体系的 pH 调到 9 左右）；

③ 搅拌陈化一段时间，待沉淀物析出后将其用去离子水多次离心洗涤；

④ 将洗涤后的沉淀物放在真空干燥箱中 60℃干燥 8h。

五、实验报告

根据实验操作记录详细的实验现象和实验反应过程。

六、问题与讨论

1. 简述 Fe_3O_4 的制备合成方法及其优缺点。

2. 分析讨论溶剂热法和化学共沉淀法制备 Fe_3O_4 各药剂的用量及作用。

实验三十四　KOH活化剂制备活性炭及其表征实验

一、实验目的

1. 掌握KOH活化法制备活性炭的原理和方法；
2. 了解影响活性炭结构与性能的主要因素。

二、实验原理

见前文实验十四和实验十五实验原理部分。

三、实验设备和材料

1. 试验仪器
小型粉碎机、控温气氛炉、坩埚、天平、烧杯、量筒、漏斗等。
2. 实验材料
生物质原料（木屑、椰壳、果壳）、40%的KOH溶液、稀盐酸、无水乙醇等。

四、实验内容和步骤

1. 原料预处理
将原料清洗晾干，用粉碎机粉碎后过40目筛网，放入烘箱中保持110℃下完全烘干，放入干燥器内，作为制备活性炭的原料备用。
2. 浸渍
称取一定量的原料，量取一定量的40%的KOH溶液，按照生物质量和KOH质量比为2∶5的比例混合，将混合液浸渍搅拌24h，放入烘箱中保持110℃去除自由水分。
3. 碳化活化
混合物料经干燥后在氮气保护下，以5℃/min升温速率加热至一定温度（600℃、700℃、800℃），保持2h，考察不同活化碳化温度的影响。活化过程结束后，样品随炉冷却至室温。
4. 后处理
活化料经碱回收后，以0.1mol/L的盐酸溶液洗涤，再经热水洗至中性，烘干备用。

5. 表征

将后处理过的活性炭进行比表面积及粒径的表征（BET），同时进行形貌的观察表征（SEM）。

五、实验报告

1. 数据记录

表 34-1 数据记录表

碳化温度	原料质量/g	产品质量/g	产率/%	比表面积/(m^2/g)	平均孔径/nm
600℃					
700℃					
800℃					

2. SEM 观察样品的形貌，考察不同温度对形貌孔径大小的影响，进行对比分析。

六、问题与讨论

1. 碳化温度是制备活性炭的主要参数，实验室如何确定合适的碳化温度？
2. 对比分析不同碳化温度对活性炭形貌、比表面积及孔径的影响。

实验三十五 Fe_3O_4/C 复合材料的制备合成实验

一、实验目的

1. 了解 Fe_3O_4/C 的制备合成方法及其特点。
2. 掌握反应釜的使用方法。

二、实验原理

纳米 Fe_3O_4/C 的制备合成方法多种多样，目前纳米 Fe_3O_4/C 的制备合成方法主要有化学共沉淀法、溶剂热法、溶胶-凝胶法、热分解法、机械球磨法、电弧蒸发法等，每种方法都有其优缺点。

无定形碳在活化过程中，其微晶结构间的含碳有机物和无序碳被清除，形成了活性炭的孔隙。活性炭孔隙的形状、大小和分布因原料、碳化和活化过程的不同而有所区别。根据孔隙直径的大小，活性炭的孔隙分为大孔、中孔（介孔）和微孔。大孔能够发生多层吸附，但是由于在活性炭中该类孔隙较少，所以只起到吸附质进入吸附位的通道作用，由于其影响到吸附速度，在应用中也是很重要的因素。中孔或过渡孔不仅起到与大孔相同的作用，同时也起到吸附不能进入微孔的大分子物质的作用。微孔是活性炭吸附作用的主要影响因素，微孔的多少直接关系到吸附能力以及活性炭的比表面积。

活性炭细孔发达，且具有大的比表面积和热稳定性，故是优良的催化剂载体，活性炭作为载体主要用于支持活性组分，一般不具有活性。而活性炭负载 Fe_3O_4 用于重金属离子的吸附和去除，一方面保持活性炭的吸附作用，另一方面有利于材料的回收再利用及重金属的浓缩，减少二次污染。

为了得到多孔的 Fe_3O_4/C 复合材料，本实验采用了分步法来制备，首先制备出活性炭，然后采用共沉淀法和溶剂热法将活性炭和 Fe_3O_4 复合制备 Fe_3O_4/C。

为了减少 Fe_3O_4/C 复合材料的耐腐蚀性，采用了一步溶剂热法热解葡萄糖制备了核壳结构的 Fe_3O_4/C 复合材料。

三、实验设备和材料

1. 实验设备

反应釜（4 套，带内衬）、超声波清洗仪、氮气瓶、分析天平、磁铁、真空干燥箱、烧杯、量筒、烧结炉等。

2. 实验材料

六水氯化铁、四水氯化亚铁、九水硝酸铁、聚乙烯吡咯烷酮（K30）、乙酸钠、乙二醇、无水乙醇、乙二胺、去离子水、葡萄糖等。

四、实验内容和步骤

1. 溶剂热法制备 Fe_3O_4/C

① 称取聚乙烯吡咯烷酮（K30）7.5g 于 250mL 烧杯中，加入乙二醇 100mL，溶解后再加入 7.5gNaAc 与 3.2g $FeCl_3 \cdot 6H_2O$，最后加入一定质量制备的活性炭；

② 将①所配溶液超声振荡 40min 后，分装在两个 50mL 的反应釜中，200℃保温 12h；

③ 自然冷却至室温，用无水乙醇及去离子水洗涤数次；

④ 所得样品在真空干燥箱中 60℃干燥 8h。

2. 化学共沉淀法制备 Fe_3O_4/C

① 将浓度为 1.0mol/L 的 Fe^{2+} 和 Fe^{3+} 按 1∶1.2 的比例配制成溶液，然后加入一定质量制备的活性炭；

② 40℃恒温搅拌下，缓慢加入 1.5 倍化学计量浓度为 1.0mol/L 的 NaOH 溶液（或者滴加 1.5mol/L 氨水，将体系的 pH 调到 9 左右）；

③ 搅拌陈化一段时间，待沉淀物析出后将其用去离子水多次离心洗涤；

④ 将洗涤后的沉淀物放在真空干燥箱中 60℃干燥 8h。

3. 一步法 Fe_3O_4/C 的制备合成

① 称取 0.4g $FeCl_3 \cdot 6H_2O$ 和 0.25g 六亚甲基四胺（可调节量如 0.5g、1.0g，最终样品形貌不同）溶于 60mL 乙二醇中，搅拌 30min；

② 将①所配溶液转移到 90mL 的反应釜中，160℃保温 6h；

③ 自然冷却至室温，用无水乙醇及去离子水洗涤数次，所得样品在真空干燥箱中 60℃干燥 8h；

④ 将③所得样品放在烧结炉中，在 N_2 保护下，5℃/min 升温到 450℃，保温 3h，自然冷却；

⑤ 用无水乙醇及去离子水洗涤数次，所得样品在真空干燥箱中 60℃干燥 8h。

4. 核壳结构 Fe_3O_4/C 的制备合成

① 称取 2.0g 聚乙烯吡咯烷酮（K30）溶于 100mL 去离子水中，溶解后再加入 5.0g 葡萄糖与 0.2gFe_3O_4；

② 超声振荡 40min，分装在两个 50mL 的反应釜中，200℃保温 12h；

③ 自然冷却至室温，用无水乙醇及去离子水洗涤数次；

④ 所得样品在真空干燥箱中 60℃干燥 8h。

五、实验报告

根据实验操作记录详细的实验现象和实验反应过程。

六、问题与讨论

1. 简述使用反应釜的注意事项。
2. 分析讨论制备 Fe_3O_4/C 各药剂的用量对最终产物的影响。

实验三十六　Fe_3O_4 与 Fe_3O_4/C 的表征分析实验

一、实验目的

1. 了解 Fe_3O_4 及 Fe_3O_4/C 的表征分析方法。
2. 掌握对 Fe_3O_4 及 Fe_3O_4/C 材料的表征结果的处理及分析。

二、实验原理

1. 通过X射线粉末衍射仪对 Fe_3O_4 及 Fe_3O_4/C 的物相结构进行表征分析

每种化合物的晶体，无论是单晶还是多晶，都有自己特定的X射线粉末衍射图。通过X射线粉末衍射可以鉴别物质结晶及纯度检查，可以根据特征峰的位置和强度鉴定样品的物相成分，并对物相进行定量分析。依据X射线粉末衍射图，利用Scherre公式，可以计算纳米粒子的粒径。

2. 通过透射电子显微镜和扫描电子显微镜对 Fe_3O_4 及 Fe_3O_4/C 的微观形貌进行表征分析

通过透射电子显微镜可以对材料的微观形貌进行观察，通过电子衍射原位分析样品的晶体结构。扫描电子显微镜一般是通过溶液分散制样的方式把纳米材料样品分散在样品台上，然后通过电镜放大观察和照相，再经过计算机图像分析程序把颗粒大小、颗粒大小的分布以及形貌数据统计出来。通过扫描电子显微镜，可以观察颗粒的粒径大小以及形貌特征。

3. 通过傅立叶变换红外光谱仪对 Fe_3O_4/C 材料的表面官能团进行表征分析

红外光谱属于吸收光谱，是由于化合物分子振动时吸收特定波长的红外线而产生的。根据分子对红外线吸收后得到谱带位置、强度、形状以及吸收谱带和温度、聚集状态等的关系便可以确定分子的空间构型，求出化学键的力常数、键长和键角。从光谱分析的角度主要是利用特征吸收谱带的频率推断分子中存在的某一基团或键，由特征吸收谱带频率的变化推测邻近的基团或键。

4. 通过气体吸附BET法测定 Fe_3O_4 及 Fe_3O_4/C 的比表面积

气体吸附法测定比表面积原理，是依据气体在固体表面的吸附特性，在一定的压力下，被测样品颗粒（吸附剂）表面在超低温下对气体分子（吸附质）具有可逆物理吸附作用，并对应一定压力存在确定的平衡吸附量。通过测定出该平衡吸附量，利用理论模型来等效求出被测样品的比表面积。由于实际颗粒外表面的不规则性，严格来讲，该方法测定的是吸附质分子所能到达的颗粒外表面和内部通孔总表面积之和。

具体仪器构造及实验原理见云南大学编写的《材料分析与表征实验教程》。

三、实验设备和材料

1. 实验设备

X射线衍射仪（DX-2000）、透射电子显微镜、扫描电子显微镜、傅立叶变换红外光谱仪、氮吸附比表面积测试仪等。

2. 实验材料

Fe_3O_4 及 Fe_3O_4/C。

四、实验内容和步骤

1. 对 Fe_3O_4 及 Fe_3O_4/C 进行物相、微观形貌、表面官能团、比表面积的测试。

2. 具体的实验步骤见云南大学编写的《材料分析与表征实验教程》。

五、实验报告

1. 将对 Fe_3O_4 及 Fe_3O_4/C 的物相结构进行的测试结果画图加以分析说明。

2. 对 Fe_3O_4 及 Fe_3O_4/C 的微观形貌表征结果进行分析，比较复合前后的变化。

3. 计算 Fe_3O_4 及 Fe_3O_4/C 的比表面积，对其孔径大小及分布做出分析。

4. 将 Fe_3O_4 及 Fe_3O_4/C 红外光谱绘图并将数据记录填入表 36-1 并分析之。

表 36-1　Fe_3O_4 与 Fe_3O_4/C 的表征分析数据

波数/cm^{-1}	谱峰特征	谱峰归属

六、问题与讨论

1. 比较 Fe_3O_4 及 Fe_3O_4/C 的 X 衍射图谱，分析复合前后有无变化，并说明原因。

2. 分析不同方法制备的 Fe_3O_4 及 Fe_3O_4/C 的透射电镜和扫描电镜微观形貌特征的区别，简要分析原因。

3. 分析 Fe_3O_4 及 Fe_3O_4/C 复合前后的比表面积变化，并说明原因。

4. 比较 Fe_3O_4 及 Fe_3O_4/C 复合前后的官能团的变化。

实验三十七　六价铬离子标准曲线的绘制实验

一、实验目的

1. 了解紫外-可见分光光度计的构造、原理。

2. 掌握二苯碳酰二肼法测量六价铬离子浓度的方法。

二、实验原理

紫外-可见分光光度法是利用某些物质分子能够吸收 200～800nm 光谱区的辐射来进行分析测定的方法。用一连续电磁波照射时，在微观上出现分子由较低能级跃迁到较高的能级，在宏观上则透射光的强度变小。

电磁波照射分子，将照射前后光强度的变化转变为电信号，并记录下来，然后以波长（λ）为横坐标，以电信号（吸光度 A）为纵坐标，就可以得到光强度变化对波长的关系曲线图，即紫外吸收光谱图，从曲线图中可以看出不同波长对应的吸光度，找出吸收样品对应的最大吸收波长。待测样品浓度与吸光度 A 满足 Lambert-Beer 定律，其数学表达式见式(37-1)。

$$\lg\left(\frac{I_0}{I_t}\right)=abc=A \tag{37-1}$$

式中，I_0 为入射光强度；I_t 为透射光强度；A 称为吸光度（absorbance）、吸收度或光密度（OD，optical density）；a 称为吸收系数（absorptivity），是化合物分子的特性，它与浓度（c）和光透过介质的厚度（b）无关；当 c 为摩尔浓度，b 以厘米为单位时，a 即以 ε 来表示，称为摩尔吸光系数或摩尔消光系数（molar absorptivity）。

按 Lambert-Beer 定律可进行定量测定。测量时盛溶液的吸收池厚度为 b，若浓度 c 已知，测得吸光度 A 即可计算出 ε 值，后者为化合物的物理常数。若已知 ε 值，则由测得的吸光度 A 可计算溶液的浓度。

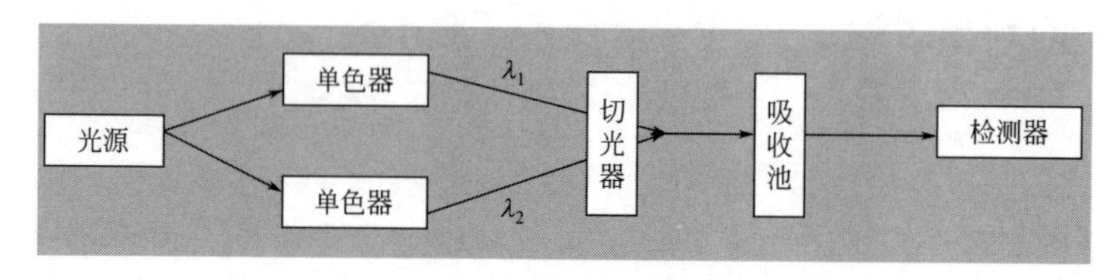

图 37-1 紫外-可见分光光度计工作原理

如图 37-1 所示，紫外-可见分光光度计由 5 个部件组成。

① 光源，即辐射源。必须具有稳定的、有足够输出功率的、能提供仪器使用波段的连续光谱，如钨灯、卤钨灯（波长范围 350～2500nm）、氘灯或氢灯（180～460nm）或可调谐染料激光光源等。

② 单色器。它由入射狭缝、出射狭缝、透镜系统和色散元件（棱镜或光栅）组成，是用以产生高纯度单色光束的装置，其功能包括将光源产生的复合光分解为单色光和分出所需的单色光束。

③ 试样容器，又称吸收池。供盛放试液进行吸光度测量之用，分为石英池和

玻璃池两种，前者适用于紫外到可见区，后者只适用于可见区。容器的光程一般为 0.5～10cm。

④ 检测器，又称光电转换器。常用的有光电管或光电倍增管，后者较前者更灵敏，特别适用于检测较弱的辐射。近年来还使用光导摄像管或光电二极管矩阵作检测器，具有快速扫描的特点。

⑤ 显示装置。这部分装置发展较快。较高级的光度计，常备有微处理机、荧光屏显示和记录仪等，可将图谱、数据和操作条件都显示出来。

三、实验设备和材料

1. 实验设备

紫外-可见分光光度计、分析天平、容量瓶、真空干燥箱、烧杯、量筒。

2. 实验材料

重铬酸钾、二苯碳酰二肼、去离子水、硫酸、磷酸等。

四、实验内容和步骤

1. 0.1000g/L 铬标准储备溶液的配制

称 110℃干燥 2h 的重铬酸钾（$K_2Cr_2O_7$，优级纯）(0.2829±0.0001)g，用水溶解后，移入 1000mL 容量瓶中用水稀释至标线，摇匀，此溶液 1mL 含 0.10mg 铬。

2. 1mg/L 铬标准溶液的配制

吸取 5.00mL 0.1000g/L 铬标准储备液（即步骤 1 配置的 0.1000g/L 铬标准储备液），置于 500mL 容量瓶中，用水稀释至标线，摇匀。此溶液 1mL 含 1.00μg 铬。使用当天配制。

3. 5.00mg/mL 铬标准溶液的配制

吸取 25.00mL 0.1000g/L 铬标准储备液（即步骤 1 配置的 0.1000g/L 铬标准储备液），置于 500mL 容量瓶中，用水稀释至标线，摇匀。此溶液 1mL 含 5.00μg 铬。使用当天配制。

4. 显色剂：2g/L 二苯碳酰二肼-丙酮溶液

称取二苯碳酰二肼（$C_{13}H_{14}N_4O$）0.2g 溶于 50mL 丙酮中，加水稀释至 100mL 摇匀。储于棕色瓶，置冰箱中。色变深后，不能使用。

5. 磷酸（1+1）溶液

将磷酸（H_3PO_4，ρ=1.69g/mL）与水等体积混合。

6. 绘制铬标准曲线

分别量取 0、0.20mL、0.50mL、1.00mL、2.00mL、4.00mL、6.00mL、8.00mL、10.00mL 步骤 1 配置的 0.1000g/L 铬标准储备液于 50mL 容量瓶中，用

水稀释至标线，摇匀。浓度分别为 0、0.02mg/L、0.05mg/L、0.10mg/L、0.20mg/L、0.40mg/L、0.60mg/L、0.80mg/L、1.00mg/L。

取上述溶液各 10mL 倒入烧杯中，分别加入 0.4mL 显色剂和 0.3mL 磷酸溶液，摇匀，静置 10min 后，在 540nm 波长下，用 10mm 光程的比色皿，以水做参比，测定吸光度。以浓度和吸光度分别为横、纵坐标，绘制铬标准曲线。

7. 铬离子浓度的测定

取未知浓度的铬溶液 10mL 于烧杯中，分别加入 0.4mL 显色剂和 0.3mL 磷酸溶液，摇匀，静置 10min 后，在 540nm 波长下，用 10mm 光程的比色皿，以水做参比，测定吸光度。根据绘制的铬标准曲线，算出未知浓度的铬溶液离子浓度。

五、实验报告

1. 由紫外光谱图找出最大吸收峰对应的波长 λ_{max}。
2. 根据实验操作记录详细的实验现象和数据。
3. 绘制出铬标准曲线，给出相关度。

六、问题与讨论

1. 简述影响铬离子测定的因素。
2. 简述紫外-可见分光光度计的构造及原理。
3. 提供两种铬离子的测定方法并简要叙述原理及步骤（最好一种是常量分析方法，一种是微量分析方法）。
4. 如何运用二苯碳酰二肼比色法测定水中总铬？
5. 二苯碳酰二肼比色法测定溶液铬的条件有哪些？

实验三十八　Fe_3O_4/C 复合材料对 Cr^{6+} 的吸附性能实验

一、实验目的

1. 了解金属离子吸附实验的方法。
2. 能对吸附性能测试数据进行熟练分析。

二、实验原理

在酸性溶液中，六价铬离子与二苯碳酰二肼反应，生成紫红色络合物，其最大吸收波长为 540nm，吸光度与浓度的关系符合比尔定律。

具体公式及原理见实验三十七实验原理部分。

三、实验设备和材料

1. 实验设备

紫外-可见分光光度计、分析天平、容量瓶、移液管、真空干燥箱、烧杯、量筒。

2. 实验材料

重铬酸钾、二苯碳酰二肼、去离子水、硫酸、磷酸、盐酸、氢氧化钠等。

四、实验内容和步骤

1. 水样预处理

(1) 对不含悬浮物、低色度的清洁地面水，可直接进行测定。

(2) 如果水样有色但不深，可进行校正。即另取一份试样，加入除显色剂以外的各种试剂以 2mL 丙酮代替显色剂，用此溶液为测定试样溶液吸光度的参比溶液。

(3) 对浑浊、色度较深的水样，应加入氢氧化锌沉淀剂并进行过滤处理。

(4) 水样中存在次氯酸盐等氧化性物质时，干扰测定，可加入尿素和亚硝酸钠消除。

(5) 水样中存在低价铁、亚硫酸盐、硫化物等还原性物质时，可将 Cr^{6+} 还原为 Cr^{3+}，此时，调节水样 pH 值至 8，加入显色剂溶液，放置 5min 后再酸化显色，并以同法作出标准曲线。

2. 标准曲线的绘制

取 9 支 50mL 比色管，依次加入 0、0.20mL、0.50mL、1.00mL、2.00mL、4.00mL、6.00mL、8.00mL 和 10.00mL 铬标准溶液，用水稀释至标线，加入 (1+1)硫酸 0.5mL 和 (1+1) 磷酸 0.5mL，摇匀。加入 2mL 显色剂溶液，摇匀，5～10min 后于 540nm 波长处，用 1cm 或 3cm 比色皿，以水为参比，测定吸光度并作空白校正。以吸光度为纵坐标，相应六价铬含量为横坐标做出标准曲线，并显示标准曲线公式。

3. 水样的测定

取适量（含 Cr^{6+} 少于 50μg）无色透明或经处理的水样于 50mL 比色管中，用水稀释至标线，测定方法同标准溶液。进行空白校正后根据所测吸光度从标准曲线公式上算得 Cr^{6+} 含量。

$$C(Cr^{6+})=m/v \tag{38-1}$$

式中，m 是由标准曲线的公式算得的 Cr^{6+} 量，μg；V 是水样的体积，mL。

具体的实验包括磁性复合材料用量、接触时间、溶液 pH 值、溶液铬初始浓度等参数的优化实验。磁性复合材料对铬的吸附量、去除率采用式(38-2) 及式(38-3)计算。

$$q_e=\frac{(c_0-c_e)\times V\times 10^{-3}}{m} \tag{38-2}$$

$$a=\frac{c_0-c_e}{c_0}\times 100\% \tag{38-3}$$

式(38-2) 和式(38-3) 中，q_e为吸附剂的平衡吸附量，mg/g；c_0 和 c_e 分别为磷、砷的初始浓度和平衡浓度，mg/L；V 为水样体积，mL；m 为吸附剂的质量，g；a 为去除率，%。

(1) 溶液 pH 对铬的去除影响　将初始浓度为 10mg/L 的 50mL 铬溶液 pH 值分别调节为 2～12，再加入相同质量的磁性复合材料，恒温振荡一定时间，过滤，计算铬的去除率，确定该磁性复合材料对铬吸附的最佳 pH。

(2) 磁性复合材料投加量对铬的去除影响　将 0.01～1.0g 不同质量的磁性复合材料分别加入初始浓度为 10mg/L、最佳 pH 下的 50mL 铬溶液中，振荡一定时间，过滤，计算铬的去除率及复合材料对铬的吸附量。

(3) 接触时间对铬的去除影响　根据步骤 (2) 的实验结果，按照国家地表水铬的排放标准，计算出一定浓度 100mL 含铬溶液复合材料的最佳投加量，按复合材料的最佳投加量加入初始浓度 10mg/L，最佳 pH 下的铬溶液中，恒温振荡器中振荡不同时间，过滤，计算铬的去除率，找出铬吸附的平衡时间。

(4) 溶液初始浓度对铬的去除影响　将等质量的磁性复合材料分别加入初始浓度为 10mg/L、20mg/L、30mg/L、40mg/L、50mg/L、100mg/L 的相同 pH 的铬溶液中，磁力搅拌一定时间，过滤，计算铬的去除率及磁性复合材料对铬的吸附量。

(5) 吸附动力学和吸附热力学分析　依据步骤 (2)，根据下列热力学相关公式绘制工作曲线。

$$\lg(q_e-q_t)=\lg q_e-\frac{k_1}{2.303}t \tag{38-4}$$

$$\frac{t}{q_t}=\frac{t}{q_e}+\frac{1}{k_2q_e^2} \tag{38-5}$$

$$q_t=\frac{1}{\beta}\ln(\alpha\beta)+\frac{1}{\beta}\ln t \tag{38-6}$$

$$q_t=k_it^{1/2}+C \tag{38-7}$$

式中，t 为吸附时间，min；q_t 为 t 时刻的吸附量，mg/g；q_e 为理论的平衡吸附量，mg/g；k_1、k_2、k_i 分别准一级动力学模型、准二级动力学模型及粒子扩散模型的速率常数，g/ (mg · min)；α 表示初始吸附速率，g/ (mg · min)；β 是与化学吸附的活化能量及表面覆盖程度有关的常数，g/mg；C 表示边界层厚度的常数，mg/g。

取浓度分别为 5mg/L、10mg/L、20mg/L、30mg/L、50mg/L、80mg/L、100mg/L 的 50mL 铬标准溶液，调为最佳 pH 值，加入一定量磁性复合材料，在 20℃、30℃、40℃下于恒温振荡器中振荡一定时间，绘出等温模型。

五、实验报告

1. 根据实验操作将详细的实验现象和数据填入表 38-1。

表 38-1　Fe_3O_4/C 复合材料对 Cr^{6+} 的吸附性能实验数据

时间	待测样品编号	取样体积/mL	吸光度	六价铬浓度/(mg/L)	环境温度	报告人

2. 分析各个因素对磁性复合材料吸附除铬的影响，给出该磁性复合材料去除铬的最佳工艺条件。

3. 注意事项

（1）用于测定铬的玻璃器皿不应用重铬酸钾洗液洗涤。

（2）Cr^{6+} 与显色剂的反应一般控制酸度在 0.05～0.3mol/L 范围，以 0.2mol/L 时显色最好。显色前，水样应调至中性。显色温度和放置时间对显色有影响，在 15℃时，5～15min 颜色即可稳定。

（3）如测定清洁地面水样，显色剂可按以下方法配制：溶解 0.2g 二苯碳酸二肼于 100mL 95%的乙醇中，边搅拌边加入（1+9）硫酸 400mL。该溶液在冰箱中可存放一个月。用此显色剂，在显色时直接加入 2.5mL 即可，不必再加酸。但加入显色剂后，要立即摇匀以免 Cr^{6+} 可能被乙酸还原。

六、问题与讨论

1. 简述影响铬离子测定的因素。
2. 如何运用二苯碳酰二肼比色法测定水中总铬？
3. 二苯碳酰二肼比色法测定溶液铬的条件、注意事项有哪些？

参 考 文 献

[1] 马小娥．材料实验与测试技术．北京：中国电力出版社，2008.

[2] 霍曼琳．建筑材料学．重庆：重庆大学出版社，2009.

[3] 孙媛媛，芦竹活性炭的制备、表征及吸附性能研究．济南：山东大学，2014.

[4] 肖刚，吴荣兵，周慧龙，等．KOH 活化木质素制备高比表面积活性炭特性研究．燃烧科学与技术，2014 (1)：14-20.

[5] 崔静，赵乃勤，李家俊．活性炭制备及不同品种活性炭的研究进展．炭素技术，2005，25 (1)：26-31.

[6] 李国希．活性炭纤维微孔结构分析方法．新型炭材料，2001，16 (1)：76-79.

[7] 贾建国，李闯，朱春来，等．活性炭的硝酸表面改性及其吸附性能．炭素技术，2009，28 (6)：11-15.

[8] 宫国卓，杨文芬，姚新，等．活性炭的表面性质及表面改性研究进展．煤炭加工与综合利用，2011 (5)：52-56.

[9] 李佑稷，李效东，李君文，等．活性炭载体对 TiO_2/活性炭中二氧化钛晶粒生长及相变的影响．无机材料学报，2005，20 (2)：292-298.

[10] Li Min，Lu Bin，Ke Qin-Fei，et al. Synergetic effect between adsorption and photodegradation on nanostructured TiO_2/activated carbon fiber felt porous composites for toluene removal. Journal of Hazardous Materials，2017，333：88-98.

[11] 章丹，徐斌，朱培娟，等．TiO_2 光降解亚甲基蓝机理的研究．华东师范大学学报（自然科学版），2013 (5)：35-42.

[12] Chen M，Bao C，Cun T，et al. One-pot synthesis of ZnO/oligoaniline nanocomposites with improved removal of organic dyes in water：Effect of adsorption on photocatalytic degradation. Materials Research Bulletin，2017，95：459-467.

[13] 黄锦勇，刘国光，张万辉，等．TiO_2 光催化还原重金属离子的研究进展．环境科学与技术，2008，31 (12)：104-108.

[14] Chen D，Ray A K. Removal of toxic metal ions from wastewater by semiconductor photocatalysis. Chemical Engineering Science，2001，56：1561-1570.

[15] 孙汉文，王丽梅，董建．高分子化学实验．北京：化学工业出版社，2012.

[16] 郑春满，李德湛，盘毅．有机与高分子化学实验．北京：国防工业出版社，2014.

[17] 何曼君．高分子物理：修订版．上海：复旦大学出版社，1990.

[18] 冯开才，李谷，符若文，等．高分子物理实验．北京：化学工业出版社，2004.

[19] 施良各．凝胶色谱．北京：科学出版社，1980.

[20] 张兴英，李齐方．高分子科学实验社．北京：化学工业出版社，2004.

[21] 武龙，刘学凡，张钦田，等．合成 107 胶时产生凝胶的原因及解决办法．中国胶黏剂，1998，7 (6)：11-13.

[22] 朱林晖，张从旺，唐尧基，等．降低 PVF 胶粘剂游离甲醛含量的研究．功能材料，2010，11 (41)：1873-1875.

[23] 郑圆圆．磁性核壳结构铝氧化物催化剂的制备及其性能研究．北京：北京化工大学，2012.

[24] Wingenfelder U，Hansen C，Furrer G，et al. Removal of heavy metals from mine waters by natural zeolites. Environmental Science & Technology，2005，39 (12)：4606-4613.

[25] Zhu L P，Xiao H M，Zhang W D，et al. One-pot tern-plate-free synthesis of mono-disperse and single-crystal-magnetite hollow spheres by a simple solvothermal route. Crystal Growth Design，2008，8 (3)：957-963.

[26] Deng H G，Jin S L，Zhan L，et al. Morphology-controlled synthesis of Fe_3O_4/carbon nanostructures for lithium ion batteries. New Carbon Materials，2014，29 (4)：301-308.